读懂社会,你才能融入社会;读懂爱情,你才能把握爱情;读懂成功,你才能收获成功;读懂人生,你才能成就人生。

写给男孩的

哲 理 书

博 文 主编

光明日报出版社

图书在版编目（CIP）数据

写给男孩的哲理书 / 博文主编 . -- 北京：光明日报出版社，2012.6（2025.4 重印）
ISBN 978-7-5112-2398-2

Ⅰ . ①写… Ⅱ . ①博… Ⅲ . ①人生哲学－青年读物 ②人生哲学－少年读物
Ⅳ . ① B821-49

中国国家版本馆 CIP 数据核字 (2012) 第 076603 号

写给男孩的哲理书

XIEGEI NANHAI DE ZHELI SHU

主　　编：博　文

责任编辑：李　娟　　　　　　　　　　责任校对：映　熙
封面设计：玥婷设计　　　　　　　　　责任印制：曹　净

出版发行：光明日报出版社

地　　址：北京市西城区永安路 106 号，100050

电　　话：010-63169890（咨询），010-63131930（邮购）

传　　真：010-63131930

网　　址：http://book.gmw.cn

E－mail：gmrbcbs@gmw.cn

法律顾问：北京市兰台律师事务所龚柳方律师

印　　刷：三河市嵩川印刷有限公司

装　　订：三河市嵩川印刷有限公司

本书如有破损、缺页、装订错误，请与本社联系调换，电话：010-63131930

开　　本：170mm×240mm

字　　数：195 千字　　　　　　　　　印　　张：12

版　　次：2012 年 6 月第 1 版　　　　印　　次：2025 年 4 月第 3 次印刷

书　　号：ISBN 978-7-5112-2398-2-02

定　　价：39.80 元

前　言

　　现实生活中不可能人人都是英雄，男人也不可能个个优秀。有的男人春风得意，有的男人平平庸庸；有的男人踌躇满志，有的男人悲观失落……许多男人在追求目标的过程中，由于没有读懂人生，没有抓住机遇，而与成功失之交臂，错失甜蜜的爱情、美满的婚姻、和睦的家庭和幸福的生活。然而，每一个男人都希望自己拥有好的发展前途，没有哪一个男人甘愿平庸地度过一生。

　　人生是自己创造的，我们会时常面临来自生活、工作和社会的各种各样的问题，我们的处世方法、工作态度、努力程度、思维方式和心态信念等决定了我们一生的成败。不论干什么，我们都希望自己能够成功，都试图尽量避免失败或走弯路。许多男人的失败并不是因为缺乏知识、能力和机会，而是不能正确认识人生中的一些重大问题。他们殊不知读懂社会，才能融入社会；读懂爱情，才能把握爱情；读懂成功，才能收获成功；读懂人生，才能成就人生。

　　一个简单的故事可以让人领悟意味深长的哲理，从而影响一个人的一生；一个深刻的哲理可以给人醍醐灌顶的瞬间彻悟，从而改变一个人的命运。一个人掌握知识、拥有学问并不困难，难得是要学会正确地思考人生，掌握人生的哲理并走向人生的卓越。哲理是人生体验的升华，生活智慧的结晶，蕴含着成功的准则和幸福的真谛，可以帮助你认识生活的本质，有时甚至能带你摆脱困境，解决人生面临的难题。人的一生中，了解和掌握一些哲理，可以拓宽精神境界，更深刻地认识社会和人生，在通往成功的路上少走弯路。

　　人生的经历不同，往往对人生的体验就不同，精妙独到的心灵故事和发人深省的人生哲理总能带给有心人更多的启迪和更深的感悟。这是本专为男生编写的人生哲理书，书中 100 多个对人生具有重大意义、浓缩了生活智慧的人生哲理，将告诉你成功的规律，提高你立身处世的能力，帮你解决生活中的困惑，令你茅塞顿开，如饮醍醐。

一杯佳酿享受一时，一本好书受益一生。这本书带给你的不仅是一份思想的馈赠，也是一份精神的财富。在面临挑战、遭受挫折和感到无望时，书中的哲理会给你力量；在惶惑、痛苦和失落之际，书中的哲理会给你慰藉；在成功和春风得意时，书中的哲理将激励你继续进取。

目　录

1

第三章

空等运气不如把握机遇

第四章

习惯不是造就你，就是毁掉你

第五章

人对了，世界就对了

第六章

每天敲敲成功的门

第七章

思路决定出路，想到才能做到

第八章

责任胜于能力，态度决定高度

第九章

感谢折磨你的人

第十章

方法总比问题多，莫为失败找借口

第十一章

可以平凡，但不能平庸

第十二章

细节决定成败，小事成就大事

第十三章

成长比成功更重要

第 一 章

苦等一副好牌，不如打好手中的烂牌

　　已经发生的事我们无法挽回，我们能做的只有接受它的存在，这是明智的行为。不过，我们仍可以选择用什么样的方法面对它，以及怎么解决它。

　　成功之路难免有着坎坷和曲折，有的人把逆境和挫折作为退却的借口，也有人在逆境和挫折面前寻得信心和勇气。无论困难有多大，只要有永葆青春的朝气和活力，用意志去战胜不幸，用坚持去战胜失败，我们才能真正成为自己命运的主宰，成为掌握自身命运的强者。

人生没有承受不了的事

人的潜力是惊人的，很多时候，你认为自己承受不了的事，往往却能够毫不费力地承受下来。其实，人生没有承受不了的事，关键是你要相信自己。只要你勇敢面对，你就能够承受得了。等你适应了那样的不幸以后，你就可以从不幸中找到幸运的种子。帕克的故事会让你明白这个道理。

帕克在一家汽车公司上班。很不幸，一次机器故障导致他的右眼被击伤，经过抢救后还是没有保住，医生摘除了他的右眼球。

帕克原本是一个十分乐观的人，现在却成了一个沉默寡言的人。他害怕上街，因为总是有人看他的眼睛。

他的休假一次次被延长，妻子艾丽丝负担起了家庭的所有开支。她很在乎这个家，她爱自己的丈夫，想让全家和以前一样。艾丽丝认为丈夫心中的阴影终会消除的，这只是个时间问题。但糟糕的是，帕克的另一只眼睛的视力也受到了影响。在一个阳光灿烂的早晨，帕克问妻子谁在院子里踢球时，艾丽丝惊讶地看着丈夫和正在踢球的儿子。在以前，儿子即使在更远的地方，他也能看到。艾丽丝什么也没有说，只是走近丈夫，轻轻地抱住他的头。

帕克说："亲爱的，我知道以后会发生什么，我已经意识到了。"

艾丽丝的泪就流下来了。

其实，艾丽丝早就知道这个后果，只是她怕丈夫受不了打击而要求医生不要告诉他。

帕克知道自己要失明后，反而平静多了，连艾丽丝也感到奇怪。

艾丽丝知道帕克能见到光明的日子已经不多了，她想为丈夫留下点什么。她每天把自己和儿子打扮得漂漂亮亮，还经常去美容院。在帕克面前，不论她心里多么悲伤，她总是努力微笑。

几个月后，帕克说："艾丽丝，我发现你新买的套裙有点旧了！"

艾丽丝说："是吗？"

她奔到一个他看不到的角落，低声哭了。她那件套裙的颜色在太阳底下绚丽夺目。

她想，还能为丈夫留下什么呢？

第二天，家里来了一个油漆匠，艾丽丝想把家具和墙壁粉刷一遍，让帕克的心中永远有一个新家。

油漆匠工作很认真，一边干活还一边吹着口哨。干了一个星期，终于把所有的家具和墙壁刷好了，他也知道了帕克的情况。

油漆匠对帕克说："对不起，我干得很慢。"

帕克说："你天天那么开心，我也为此感到高兴。"

算工钱的时候，油漆匠少算了100元。

艾丽丝和帕克说："你少算了工钱。"

油漆匠说："我已经多拿了，一个等待失明的人还那么平静，你告诉了我什么叫勇气。"

帕克却坚持要多给油漆匠100元，帕克说："我也知道了原来残疾人也可以自食其力，生活得很快乐。"原来油漆匠只有一只手。

感悟人生

哀莫大于心死，只要自己还持有一颗乐观、充满希望的心，身体残缺又有什么关系呢？人的潜力是无穷的，世界上没有任何事情能够将人的心完全压制。只要相信自己，就没有承受不了的事。

竭尽所能突破现在的困境

曼克斯是一个汽车推销商的儿子，是一个典型的美国孩子。他活泼、健康，热衷于篮球、网球、棒球等运动，是其所在中学里一个众所周知的优秀学生。后来曼克斯应征入伍，在一次军事行动中他所在部队被派遣驻守一个山头。激战中，突然一颗炸弹飞入他们的阵地，眼看即将爆炸，他果断地扑向炸弹，试图将它扔开。可是炸弹却爆炸了，他被重重地炸倒在地上，他的右腿、右手全部被炸掉了，左腿变得血肉模糊，也必须截掉了。那一瞬他想哭，却哭不出来，因为弹片穿过了他的喉咙。人们都以为曼克斯将无法生还，但他却奇迹般地活了下来。

是什么力量使他活了下来？是格言的力量。在生命垂危的时候，他反复默念贤人先哲的这句格言："如果你懂得苦难磨炼出坚韧，坚韧孕育出骨气，骨气萌发不懈的希望，那么苦难会最终给你带来幸福。"曼克斯一次又一次默念着这段话，心中始终保持着不灭的希望。然而，对于一个三截肢（双腿、右臂）的年轻人来说，这个打击实在太大了！在深深的绝望中，他又看到了一句先哲格言："当你被命运击倒在最底层之后，能再高高跃起就是成功。"

回国后，他投身于政治活动。他先在佐治亚州议会中工作了两届。然后，他竞选副州长失败。这是一次沉重的打击，但他用这样一句格言鼓励自己："经验不等于经历，经验是一个人经历之后所获得的感受。"这促使他更自觉地去尝试。紧接着，他学会驾驶一辆特制的汽车并跑遍美国，发动了一场支持退伍军人的运动。那一年，总统命他担任全国复员军人委员会负责人，那时他34岁，是在这个机构中担任此职务最年轻的一个人。曼克斯卸任后，回到自己的家乡。1982年，他被选为佐治亚州议会部长，1986年再次当选。

今天，曼克斯已成为亚特兰大城一个传奇式人物。人们可以经常在篮球场上看到他摇着轮椅打篮球。他经常邀请年轻人与他进行投篮比赛。他曾经用左手一连投进了18个空心篮。引用一句格言说："你必须知道，人们是以你自己看待自己的方式来看你的。你对自己自怜，人家则会报以怜悯；你充满自信，人们会待以敬畏；你自暴自弃，多数人就会嗤之以鼻。"一个只剩一条手臂的人能成为一名州议会部长，能被总统赏识并担任一个全国机构的要职，是这些格言给了他力量。同时，他的成功也成了这些格言的有力佐证。

英国诗人雪莱说："除了变化，一切都不会长久。"有些人宁可在困境中沉沦，也不期冀在改变中挣扎。他们害怕林荫小路后是万丈悬崖，而不敢去采撷那份芳菲；害怕改变是更大痛苦的序言，而不敢走出熟悉的圈子。正如司汤达所言："一个真正的天才，绝不遵循常人的思想途径。"当众人在困境中负隅抗争时，你是否看到困境外的那缕阳光呢？成功也许就这么简单。

感 悟 人 生

　　有时成功很简单，跨越那条界限，你就属于成功一族；还未跨越界限的人，无论你和那条界线的距离有多么近，你也属于一个失败者。如果你现在身处困境，那就发挥你的全部能量吧，冲破那条界线，你可能就是成功者。成功和失败，往往取决于你能否在一念之间咬咬牙。

自我控制的力量

　　有一名矿工在塌方的矿井下待了 8 天后被人们救了上来。与他一同被困的 5 个同伴处境都没有他的艰难，却都没有活下来。

　　其实这名生还的矿工并不知道自己在矿井里待了多久。他后来回忆说，当时发现塌方，心中十分慌乱、绝望，但他很快控制住情绪，安慰自己说："不要紧，井上面的人肯定会下来救我们。"正好那天他很累，就躺在木板上睡着了。醒来后，他在坑道里来回走动，仔细听有没有外面传来的声音。

　　这样的情形不知过了多长时间，除了水滴声，坑道里静得出奇。他害怕时，就唱歌给自己听，然后给自己鼓掌喝彩。然后他就笑了，觉得挺好玩的。唱累了，他又躺在木板上睡觉，幻想着他喜欢的女子、爱吃的食物，希望能在梦中看见这些。

　　再次醒来时，他又竖起耳朵听，渐渐地，一些声音出现了，他高兴地向发出声音的地方跑去，大喊大叫，希望引起注意。但是，这些声音有点儿怪，只要他发出什么声音，那边很快就能出现同样的声音，原来是回声。时而恐惧，时而平静，时而绝望，时而欣慰……他一直在与自己的内心作斗争。为了控制住自己的情绪，他想方设法，除了唱歌、讲故事、幻想美好食物，他还坚持在坑道里玩射击游戏——将一片木板插在壁上，然后在黑暗中向它扔煤块，如果听到"啪"的一声，就是打中了。他规定自己：只有打中 100 次才允许睡觉。

他不知道多长时间没吃饭了，口袋里有个拳头大的糯米团是他的寄托。他每次都是数着米粒吃它，获救前已经吃了 367 粒。他在回忆时说："坑道里有水，口袋里有糯米团，更重要的是，我坚信人们会来救我，我绝不能害怕，绝不能发疯，绝不能自杀，我一定要控制住自己……"

他是在梦中听见响动的，然后他就看见洞口射进刺眼的光芒。他紧紧地捂住眼睛，但仍然感觉光是那么强。当他确信自己得救时，身体一下子就软了下来。

人 生 感 悟

这名矿工以他绝境求生的事迹告诉我们，当我们身处困境时，仅仅依靠外界的救助是远远不够的，最重要的是我们的自救。我们虽无法控制灾难，但我们能控制自己；我们虽无法预料事情的开始，却能控制事态的结束，从某种意义上看，人是通过控制自己，才控制整个世界。

一切都会过去

古希腊有一位国王，拥有至高无上的权势、享用不尽的荣华富贵，但他并不快乐。他可以主宰自己的臣民，却难以操控自己的情绪，种种莫名其妙的焦虑和忧郁不时让他闷闷不乐、寝食难安。

于是，他召来了当时最负盛名的智者苏菲，要求他找出一句人间最有哲理的箴言，而且这句浓缩了人生智慧的话必须有一语惊心之效，能让人胜不骄、败不馁，得意而不忘形、失意而不伤神，始终保持一颗平常心。苏菲答应了国王，条件是国王要将佩戴的那枚戒指交给他。

几天后，苏菲将戒指还给了国王，并再三劝告他：不到万不得已，别轻易取出戒指上镶嵌的宝石，否则，它就不灵验了。

没过多久，邻国大举入侵，国王率领部下拼死抵抗，但最终整个城邦沦陷于敌手，于是，国王四处逃命。

有一天，为逃避敌兵的搜捕，他藏身在河边的茅草丛中，当他掬水解渴，猛然看到自己的倒影时，不禁伤心欲绝——谁能相信如今这个蓬头垢面、衣衫褴褛的人，就是那个曾经气宇轩昂、威风凛凛的国王呢？

就在他双手掩面，欲投河轻生之际，他想到了戒指。他急切地抠下了上面的宝石，只见宝石里侧镌刻着一句话——这也会过去！

顿时，国王的心头重新燃起希望的火花。从此，他忍辱负重、卧薪尝胆，重招旧部并东山再起，最终赶走了外敌，夺回了王国。

当他再一次返回王宫后，所做的第一件事便是将"这也会过去"这句五字箴言，镌刻在象征王位的宝座上。

后来，他被誉为最有智慧的国王并名垂青史。据说，在临终之际，他特意留下遗嘱：死后，双手空空地露出灵柩之外，以此向世人昭示那句五字箴言。

人 生 感 悟

一切苦难都是暂时的，一切逆境都是可以忍受的。

不管生活给了我们多少挫折与变故，只要我们依旧保持着不灭的信念，充满希望地生活，我们的人生就总有意义，我们的生命就不会枯竭，我们的未来就绝不是梦想。

苦难是所最好的学校

正当贝多芬充满热情地献身于他所钟爱的音乐事业时，不幸的事情发生了，由于患耳病，贝多芬渐渐失去了听觉。一天，他和朋友们到野外散步，朋友们听到从远处传来一阵悠扬的笛声，赞叹道："这笛声多么优美呀！"贝多芬侧耳倾听，可他什么声音也没有听到。他们继续往前走，朋友们又听到牧童清脆的歌声，赞美道："这歌声多么动听！"贝多芬全神贯注地听，仍然什么也没听到。贝多芬这才知道自己的耳朵全聋了。

对于音乐家来说，世界上还有什么能比耳朵更宝贵呢？音乐家要用耳朵去辨别音的高、低、强、弱，要用耳朵去欣赏优美的旋律、丰富的和声和多变的节奏，音乐就是声音的艺术啊！这个打击对年轻的贝多芬来说，实在太沉重了。

贝多芬陷入了极大的痛苦之中。他绝望了，甚至想到了自杀，连遗嘱都写好了。但是，经过一番激烈的思想斗争以后，贝多芬还是坚强地活了下来，因为他热爱生活，热爱音乐。他对别人说："是艺术，只是艺术挽留了我，在我尚未把我的使命完成之前，我不能离开这个世界。"

贝多芬勇敢地向命运展开了挑战，他在给朋友的信中豪迈地写道：

"我要扼住命运的喉咙，它休想使我屈服！"

这句话成为贝多芬一生的座右铭。

贝多芬比以前更加勤奋、努力。尽管他的耳病越来越严重，他听不到鸟儿的鸣叫、小溪的歌唱，也听不到雷鸣、风吼，世界上的任何声音他都听不到。但是，贝多芬没有灰心，也没有气馁，他坚忍不拔地与命运搏斗。贝多芬与命运艰苦搏斗的时期，正是他一生中创作力最旺盛、成就最辉煌的时期。他的大部分成功之作都是耳聋以后创作的。他一生成就最卓著的 9 部交响乐都是在他患了耳疾，听力渐退的情况下完成的。贝多芬以他惊人的毅力、辉煌的成就掀开了欧洲音乐史上崭新的一页。这个时期，他创作的几部具有代表性的交响乐，一直享誉全球。

苦难是一笔巨大的财富，苦难缔造了强者健康有力的品格，丰富了强者的斗争经验，锻炼了强者非凡的才干。总之，"苦难是成功之母"。不经风雨怎么见彩虹？如果你想摘玫瑰，就不要怕刺！人的一生不可能只有成功的喜悦而没有遭受挫折的痛苦，一个人如果能在失望中与绝望中看到希望，那他就已经有了成功的可能。

人生感悟

苦难，在不屈的人面前会化成一份礼物。这份珍贵的礼物会成为真正滋润你生命的甘泉，让你在人生的任何时刻，都不会轻易被击倒！

在不幸中坚持把牌打下去

1955 年，18 岁的吉尔·金蒙特已是全美国最受喜爱、最有名气的年轻滑雪运动员，她当时的生活目标就是拿到奥运会金牌。

她的名字出现在大街小巷，她的照片也成为各大杂志的封面，美国民众都看好金蒙特，认为她一定能替美国夺得奥运会的滑雪金牌。

然而，一场意外却使金蒙特的愿望成了泡影。

在奥运会预选赛最后一轮的比赛中，因为雪道特别滑，金蒙特一不小心从雪道上摔了下去。

当她在医院中醒来时，发现自己虽然保住了性命，但是，肩膀以下的身体却永远瘫痪了。

金蒙特十分努力地想让自己从瘫痪的痛苦中跳出来，因为她知道，人活在世界上只有两种选择：奋发向上，或是意志消沉。最后，金蒙特选择了奋发向上，因为她对自己的能力仍然坚信不疑。

在最初的几年里，她的病情处于时好时坏的状况，但是她从来没有放弃过追求有意义的生活。几经磨难，金蒙特学会了写字、打字、操纵轮椅和自己进食，同时她也找到了人生的新目标：成为一名教师。

因为她行动不便，所以当她向教育学院提出教书的申请时，系主任、校长和医生们都认为，以金蒙特的身体状况，实在不适合当教师。

可是，金蒙特想要当教师的信念十分坚定，她并没有因为遭到歧视和反对就宣告放弃。

金蒙特继续接受康复治疗，并努力地学习，终于在 1963 年受到华盛顿大学教育学院的聘请，实现了她当教师的愿望。

人 生 感 悟

已经发生的事我们无力阻止，我们能做的只有接受它的存在。虽然，我们无法选择拒绝，我们却可以选择用什么样的方法面对和解决它。

用乐观的情绪自救

1939 年，德国军队占领了波兰首都华沙，此时，卡亚和他的女友迪娜正在筹办婚礼。卡亚做梦都没有想到，他和其他犹太人一样，在光天化日之下被纳粹推上卡车运走，关进了集中营。卡亚陷入了极度的恐惧和悲伤之中，在不断的摧残和折磨中，他的情绪极其不稳定，精神遭受着痛苦的煎熬。

一同被关押的一位犹太老人对他说："孩子，你只有活下去，才能与你的未婚妻团聚。记住，要活下去。"卡亚冷静下来，他下定决心，无论日子多么艰难，一定要保持积极的心态。

所有被关在集中营的犹太人，他们每天的食物只有一块面包和一碗汤。许多人在饥饿和严刑的双重折磨下精神失常，有的甚至被折磨致死。卡亚努力控制和调整着自己的情绪，把恐惧、愤怒、悲观、屈辱等抛之脑后，虽然他的身体骨瘦如柴，但精神状态却很好。

5 年后，集中营里的人数由原来的 4000 人减少到不足 400 人。纳粹将剩余的犹太人用脚镣铁链连成一长串，在冰天雪地的隆冬季节，将他们赶往另一个集中营。许多人忍受不了长期的苦役和饥饿，最后死在茫茫雪原之上。在这个人间炼狱中，卡亚奇迹般地活下来。他不断地鼓舞自己，靠着坚韧的意志力，维持着衰弱的生命。

1945 年，盟军攻克了集中营，解救了这些饱经苦难的犹太人。卡亚活着离开了集中营，而那位给他忠告的老人，却没有熬到这一天。

若干年后，卡亚把他在集中营的经历写成一本书。他在前言中写道："如果没有那位老者的忠告，如果放任恐惧、悲伤、绝望的情绪在我的心间弥漫，很难想象，我还能活着出来。"

是卡亚自己救了自己，是他用积极乐观的情绪救了自己。

与卡亚不同的是，总有许多人不停地抱怨命运的不公，自己付出了辛劳的汗水，得到的却是失败和痛苦。究其原因，就在于他们不会调节自己的情绪。

人生感悟

如果你总是背着"情绪包袱"去生活，那么厄运一来，你会很容易地被打倒。卡亚之所以能够保住自己的性命，就在于他能放下包袱，给自己积极的自我暗示。

养成心向光明的良好习惯会使你在遇到困难时比别人坚持得更久，也就更容易战胜困难。

将劣势转换为优势

一位神父要找 3 个小男孩，帮助自己完成主教分配的 1000 本《圣经》销售任务。

神父觉得自己只能完成 300 本的销售量，必须再找到几个能干的小男孩卖掉剩下的 700 本《圣经》。神父对于"能干"是这样理解的：小男孩必须言辞美妙，口齿伶俐，让人们欣喜地做出购买《圣经》的决定。于是按照这样的标准，神父找到了两个小男孩，这两个男孩都认为自己可以轻松卖掉 300 本《圣经》。可即使这样，还有 100 本没有着落。为了完成主教分配的任务，神父降低了标准，于是第三个小男孩找到了，给他的任务是尽量卖掉 100 本《圣经》，因为第三个男孩口吃得很厉害。

5 天过去了，那两个小男孩回来了，并且告诉神父情况很糟糕，他们俩总共只卖了 200 本。神父觉得很奇怪，为什么两个人只卖掉了 200 本《圣经》呢？正在他困惑的时候，那个口吃的小男孩也回来了，他没有剩下一本《圣经》，而且带来了一个令神父激动不已的消息：他的一个顾客愿意买他剩下的所有《圣经》。这意味着神父将能卖掉超过 1000 本的《圣经》，神父将更受主教青睐。

神父彻底迷惑了。被自己看好的两个小男孩让自己失望，而当初根本不当回事的小结巴却成了自己的福星，神父决定问问他。

神父问小男孩："你讲话都结结巴巴的，怎么这么顺利就卖掉我给你的《圣经》呢？"小男孩答道："我……跟……见到的……所有……人……说，如……果不……买，我就……念《圣经》给他们……听。"

小男孩知道自己的缺点就是口吃，所以他将自己的缺点转化成了优点。顾客们都很害怕听见一个口吃的人读上一段《圣经》，而这是一个虔诚的教徒所不能拒绝的，于是他的《圣经》卖得精光。而且在卖《圣经》的过程中，有位顾客被他的精神打动，就打算买下他剩下的所有《圣经》。

所以，有的时候缺点不一定是件坏事，如果引导得好，就能把缺点转化为优点。

人 生 感 悟

在逆境之中，一个人要善于把自己的劣势转化为优势，这样才能为自己开拓人生的新局面。

最大的挑战就是挑战自己

最大的敌人就是我们自己。我们往往不是被别人打败，而是被自己打败。下面的故事就说明了这个道理。

弗洛伦丝·查德威克是世界著名的游泳健将，一次她从卡得林那岛游向加利福尼亚海湾，在海水中泡了16小时，只剩下1海里时，她看见前面大雾茫茫，潜意识发出了"何时才能游到彼岸"的信号，她顿时浑身困乏，失去了信心。于是她要求上小艇休息，结果失去了一次创造纪录的机会。事后，弗洛伦丝·查德威克才知道，她已经快要登上成功的彼岸，阻碍她成功的不是大雾，而是她内心的疑惑。是她自己在大雾挡住视线之后，对创造新的纪录失去了信心，然后才被大雾所俘虏。

过了两个多月，弗洛伦丝·查德威克又一次重游加利福尼亚海湾，游到最后，她不停地对自己说："离彼岸越来越近了！"她的潜意识发出了"我这次一定能打破纪录"的信号，她顿时疲惫尽去，浑身是劲，最后弗洛伦丝·查德威克终于实现了目标。

打遍天下无敌手，大概是每个武林豪杰所追求的最高境界。尤其是战胜旗鼓相当、势均力敌的对手，那才是真正为世人所称道的好功夫、硬功夫。但是，如果他不先战胜自己，又如何战胜对手呢？

美国拳王泰森曾经称霸拳坛，他战胜的对手无数，但最终他却战败在自己的面前，为什么呢？因为他行为放纵，控制不住自己，以致因罪入狱。泰森和霍里菲尔德这两大拳王的世纪之战，引起了全世界的关注。他们是处于同一水平线的超级拳手，大家都等着看一场好戏。可惜泰森这个人，打不过竟动用了牙齿，至此背上了千夫所指的"世纪之咬"的骂名。这引起了美国各界的惊呼："拳王打倒了自己。"

人 生 感 悟

　　人生最大的挑战就是挑战自己，这是因为其他敌人都容易战胜，唯独自己是最难战胜的。有位作家说得好："自己把自己说服了，是一种理智的胜利；自己被自己感动了，是一种心灵的升华；自己把自己征服了，是一种人生的成熟。大凡说服了、感动了、征服了自己的人，就有力量征服一切挫折、痛苦和不幸。"

不被拒绝所击倒

有一个孩子非常喜欢拉小提琴，他 7 岁时就和旧金山交响乐团合作演奏了门德尔松的小提琴协奏曲，未满 10 岁就在巴黎举行了公演，被人们誉为神童。

1926 年，10 岁的小男孩在父亲的带领下，来到巴黎拜访艾涅斯库，他一心想成为艾涅斯库的学生。

他说："我想跟您学琴！"艾涅斯库冷漠地回答："你找错人了，我从来不给私人上课！"男孩坚持说："但我一定要跟您学琴，求您先听听我拉琴吧！"艾涅斯库说："这件事不好办，我正要出远门，明天早晨 6 点半就要出发！"男孩忙说："我可以提早一个小时来，在您收拾东西时拉给您听，好吗？"

艾涅斯库被男孩的诚意打动了，他说："那好吧，明早 5 点 30 分到克里希街 26 号，我在那里等你。"

第二天早晨 6 点钟，艾涅斯库听完了男孩的演奏。他兴奋而满意地走出房间，对等候在门外的男孩的父亲说："我决定收下你的儿子。不用付学费，他给我带来的快乐完全抵得过我给他的好处。"

男孩从此成为艾涅斯库的学生，他努力学琴，最终学有所成。他就是后来世界著名的小提琴演奏家梅纽因。

人 生 感 悟

当我们遭到拒绝时，心中就如被撕裂般痛苦不堪。但越是在这种情况下，我们越不能畏缩，更不可放弃。要知道，只有不被拒绝击倒，才会享受到清甜可口的成功果实。

第 二 章

有钱人想的
和你不一样

　　金钱是一种思想，这是罗伯特·清崎在《富爸爸，穷爸爸》一书中提出的一个理念。贫穷与富裕的分水岭就在于会不会思考。善于思考，财富便无处不在；一味蛮干，辉煌将遥遥无期。

　　康有为在"维新变法"运动中曾提出"穷则变，变则通，通则久"。你现在的贫穷并不可怕，从某种意义上来说，贫穷是一种资源，贫穷是一种力量，只要你改变自己的贫穷思维，接受富有的思维，你就会像富人一样行动，并开拓出自己的财富人生。

会花钱才会赚钱，
福特也计较 50 美分

迈克是纽约一家小报的普通记者。

一个周末，他在一家不大的酒店里看见几位身份显赫的企业家从一个房间里走出，其中一位是福特，福特手里拿着一张菜单走向服务生，微笑道："小伙子，你看看是不是有一点儿误差。"

服务生很自信地回答："没有啊。"

"你再仔细算一算。"福特宴请的几位企业家已朝门口走去，他却很有耐心地站在柜台前。

看着福特认真的样子，服务生不以为然道："是的，因为零钱准备得很少，我多收了您 50 美分，但我认为像您这样富有的人是不会在意的。"

"恰恰相反，我非常在意。"福特坚决地纠正道。

服务生只得拿出了 50 美分，递到一脸坦然的福特手中。

看看福特快步离去的背影，年轻的服务生低声嘀咕道："真是小气，连 50 美分也这么看重。"

"不，小伙子，你说错了。他绝对是一个慷慨的人。"目睹了刚才那幕情景的迈克，抑制不住站起来道，"他刚刚向慈善机构一次捐出 5000 美元的善款。"迈克拿出一份两周前的报纸，将上面的一则报道指给服务生看。

服务生不明白如此大方的福特，为何还要当着那么多朋友的面，去计较那区区的 50 美分。

"他懂得认真地对待属于自己的每一分钱，懂得取回属于自己的 50 美分和慷慨捐赠出 5000 万美元，是同样值得重视的。"

就在福特这一看似不经意的小事中，迈克忽然领悟到了自己渴望已久的成功经验，那就是——没有理由不认真地对待眼前的每一件事，无论它多么重大还是多么微小。

16

后来，经过多年艰苦的打拼，迈克成为美国报界的名家，而那位服务生也成了芝加哥一家五星级酒店的老板。

人 生 感 悟

一旦富裕就大肆挥霍，这是没有修养的暴发户；但若是在拥有财富后却不为社会做出一点贡献，这又是自私、冷漠的为富不仁者。

如何拿捏这个分寸全在你的手中。

1元钱的"繁殖"能力

曾经雄心勃勃的祥子，终于破产了，所有的东西都被拍卖得一干二净。现在口袋里的1元钱及回家的车票，是他所有的资产。

从深圳开出的143次列车开始检票了，他百感交集。"再见了！深圳。"一句告别的话，还没有说出，就已经泪流满面。

"我不能就这样走。"在跨上车门那一瞬间，祥子又退了回来。火车开走了，他留在了月台上，手在口袋里悄悄撕碎了那张车票。

深圳的火车站是这样繁忙，你的耳朵里可以同时听到七八种不同的方言。他在口袋里握着那1元硬币，来到一家商店，5毛钱买了一只儿童彩笔，5毛钱买了4只"红塔山"的包装盒。在火车站的出口，他举起一张牌子，上书"出租接站牌（1元）"几个字。当晚，祥子吃了一碗加州牛肉面，口袋里还剩了18元钱。5个月后，"接站牌"由4只包装盒发展为40只用锰钢做成的可调式"迎宾牌"。火车站附近有了他的一间房子，手下有了一个帮手。

3月的深圳，春光明媚，此时各地的草莓蜂拥而至。10元1斤的草莓，第一天卖不掉，第二天就只能卖5元，第三天就没人要了。此时，祥子来到近郊一个农场，用出租"迎宾牌"挣来的1万元，购买了3万只花盆。第二年春天，当别人把摘下的草莓运进城里时，祥子栽着草莓的花盆也进了城。

17

不到半个月，3万盆草莓销售一空，深圳人第一次吃上了真正新鲜的草莓，祥子也第一次领略了1万元变成30万元的滋味。

要吃即摘，这种花盆式草莓，使祥子拥有了自己的公司。他开始做贸易。他把谈判地点定在五星级饭店的大厅里，那里环境幽雅且不收费。两杯咖啡、一段音乐，还有彬彬有礼的小姐，祥子为没人知道这个秘密而兴奋，他为和美国耐克公司成功签订贸易合同而欢欣鼓舞。总之，祥子的事业开始复苏了，他有一种重新找回自己的感觉。

人 生 感 悟

1元钱，在许多人看来刚刚够买一杯水，而在有些人那里却能够"繁殖"出千万资产。也许，世界上产生了富翁和乞丐的原因之一，便是由于他们之间存在着认识上的差别。当然，要使小钱创造出巨额的财富，还得重视资源的组合和信息的利用，这两样东西结合到一起，便构成了财富增长点。

"抠门"的施莱克尔

发财靠什么？正确的答案照理说应该是：开拓。而安东·施莱克尔的答案却是："抠门。"

以施莱克尔的名字命名的连锁杂货超市，在德国各地到处都有，而且越来越多。但是，这些超市却不是门庭若市，反倒经常是门可罗雀。这种店的店主也能发财吗？事实还真的就是这样：2003年年初，施莱克尔所拥有的资产高达13亿欧元，是一位名副其实的亿万富翁。

施莱克尔出生在德国斯田加特以南那一大片以"人人节省"著称的施瓦本地区。1965年，年仅21岁的施莱克尔接管了他父亲的肉品店。同年，他在艾宾根城的边上开出了他的第一家自选商场。

1975年，施莱克尔迈出了他商业道路上的关键一步。那时正值杂货价格下跌，他创办了一家销售洗涤剂、刷子和香水等商品的新式商场。两年后，他已经拥有 100 多家这样的商店。施莱克尔的扩张战略很简单、很特别，但也很有效。哪个城市不那么繁荣的街区如果有一家小店关门倒闭，施莱克尔便派人到那里。经过一番讨价还价之后，施莱克尔以超低的价格租下店面。他并不要求高销售额，而只求以最低的成本来经营。

施莱克尔的这种超低成本经营法，有时竟到了让人哭笑不得的地步。例如，为了节省开支，有些分店很长时间里只用一名雇员。又如，在相当长的一段时间里，许多分店不安装电话。因为施莱克尔认为，电话放在那里只能被雇员们用来打私人电话。

你说他特别也好，吝啬也罢，但他的确成功了。施莱克尔超市如今在德国已拥有 8 000 多家分店，35 000 余名员工，年营业额高达 35 亿欧元，是欧洲最大的 25 家商业集团之一。

人 生 感 悟

在财富的王国里，深谙理财之道的人往往能够勤俭节约，并且懂得充分有效地利用资源，以取得利润的最大化。理财是一门精深的学问，必须从一分一厘抓起，这样，财富就会在不知不觉中来临。

借鸡生蛋成大业

美国船王丹尼尔·洛维格的第一桶金，乃至他后来数十亿美元的资产，都是借鸡生的"金蛋"。甚至可以说，他整个事业的发展是和银行分不开的。

当他第一次跨进银行的大门，人家看了看他那磨破了的衬衫领子，又见他没有什么可做抵押的，自然拒绝了他的申请。

他又来到大通银行，想方设法总算见到了该银行的总裁。他对总裁说，他把货轮买到后，立即改装成油轮，他已把这艘尚未买下的船租给了一家石油公司。石油公司每月付给他的租金，就用来分期还他要借的这笔贷款。他说他可以把租契交给银行，由银行去跟那家石油公司收租金，这样就等于在分期付款了。

许多银行听了洛维格的想法，都觉得荒唐可笑，且无信用可言。大通银行的总裁却不那么认为。他想：洛维格一文不名，也许没有什么信用可言，但是那家石油公司的信用却是可靠的。拿着他的租契去石油公司按月收钱，这自然十分稳妥。

洛维格终于贷到了第一笔款。他买下了他所要的旧货轮，把它改成油轮，租给了石油公司。然后又用这艘船作抵押，借了另一笔款，从而再买一艘船。

洛维格的成功与精明之处，就在于他利用那家石油公司的信用来增强自己的信用，从而成功地借到了钱。

这种情形继续了几年，每当一笔贷款还清后，他就成了这条船的主人，租金不再被银行拿走，而是顺顺当当进了自己的腰包。

当洛维格的事业发展到一个时期以后，他嫌这样贷款赚钱的速度太慢了，于是又构思出了更加绝妙的借贷方式。

他设计一艘油轮或其他用途的船，在还没有开工建造，尚处在图纸阶段时，他就找好一位顾主，与他签约，答应在船完工后把它租给他们。然后洛维格才拿着租船契约，到银行去贷款造船。

当他的这种贷款"发明"畅通后，他先后租借别人的码头和船坞，继而借银行的钱建造自己的船。他有了自己的造船公司。

就这样，洛维格靠着银行的贷款，登上了自己事业的巅峰。

人 生 感 悟

西方生意场有句名言：只有傻瓜才拿自己的钱去发财。"给我一个支点，我就能撬动地球。"阿基米德的"支点"就是一种凭借。任何巨额财富的起源，建立在借贷基础上是最快捷的。就是说，要发大财先借贷。毕竟，"买船不如租船，租船不如借船"，借得大船，方能去远洋。

连横合纵成盟友

张果喜，江西果喜实业集团公司董事长兼总经理。1979年开始生产出口日本的佛龛，占据了日本大部分佛龛市场，并在加拿大、德国、韩国、泰国和香港等地开辟了经销处和办事处，产品共5大类2000余种，个人资产达数亿元。

有"巧手大亨"之称的张果喜深知"合纵结盟"的重要性，在开拓日本市场时照顾好方方面面的利益，善待盟友和对手，很快便成为日本佛龛市场的"龙头老大"。

张果喜在日本取得了一定的市场地位以后，就与日商建立了稳固的代理关系，全部佛龛产品都由日商代理经销。不久，新情况出现了。随着张果喜生产的佛龛在日本市场的畅销，一些颇具眼光的日本商人看到销售这种佛龛非常有利可图，为降低进货成本，一些销售商就想走捷径，绕过代理商直接从张果喜那里进货。

张果喜慎重考虑了这个新情况。

从眼前利益看，销售商的直接订货，减少了中间环节，厂方确实可以多得一些钱，捞到实惠；但从长远考虑，接受直接订货，就意味着将失去以前费了很大力气开辟的销售渠道，甚至使以前的销售渠道背向自己，走到自己的竞争面，这无疑得不偿失。

从这种思路出发，张果喜婉转而又坚决地回绝了那几家要求直接订货的零售商，继续维持与日本代理商的盟友关系。

后来，日本代理商知道此事后，很受感动，增强了对张果喜的信任，在推销宣传方面下了不少功夫。向来不轻易买账的日本代理商这次果敢地打出了张果喜是"天下木雕第一家"的招牌，从而使张果喜的产品在日本市场越来越畅销。

人无远虑，必有近忧。

张果喜清醒地看到，生产佛龛是一种利润丰厚的行业，除了他的果喜集团公司，韩国与中国台湾地区制作的产品也有相当的竞争力，更不用说在日本本土还有成千上万的同类中小企业了。如果照以前那样，单靠原有的销售网络和一两个合资的株式会社与强大的竞争对手抗衡，只能处于劣势而被人家踩在脚底下。

权衡利弊，张果喜决定扩大"同盟军"，把一些原先的对立派拉到自己一边。张果喜为慎重起见，还与他的智囊团成员对此细细地作了分析研究，选择了分散在日本各地的有代表性的一些中小型企业。经过多方协调，于 1991 年成立了"日本佛龛经销协会"，专门经销果喜集团的漆器雕刻品。这种方式变消极竞争为积极合作，当年立竿见影，张果喜在日本佛龛市场的份额占到六成，取得了更大的市场主动权。

这就是张果喜的合纵连横，其真谛在于周密思考，权衡利弊，摆脱眼前利益和一己之利的束缚，开阔视野，正确处理与盟友和竞争对手的关系，最终才能稳住阵脚。

人 生 感 悟

聪明的企业家着眼于长远，在对待盟友和竞争对手时善于处理好眼前利益和长远利益的关系，不四面出击，而是广交朋友，周密考虑，谨慎从事。

好风凭借力

安徽省岳西县地处大别山腹地的高寒地带，这里是王永安的家乡。为了能走出这片贫瘠的大山，当地老百姓的最大"爱好"就是做鞋，拼命地做鞋。经年累月，这里的妇女几乎人人都做得一手好布鞋。

1993 年，繁华的深圳。走过 50 多千米山路到了县城，又坐车 500 多千米颠簸到深圳的王永安身上背着 3 双母亲和妻子赶制的布鞋，在街头观赏着繁华的现代都市，并寻找着自己的未来。

　　高中文凭，加上写得一手漂亮文章，在当时的深圳，王永安就比其他打工仔多了一些优势。非常顺利地，他进了一个广告公司搞文案。王永安在工作中拼命地学习，接受着改革开放吹入国门的各种新观念、新思想。

　　一次偶然的谈话却改变了王永安的人生轨迹。他听到一个做外贸的朋友说，现在出口一台冰箱还不如出口几双布鞋挣钱，国外对中国传统布鞋的需求量很大，每年有 1000 多万双中国传统布鞋销往世界各地。

　　说者无心，听者有意。王永安想到了自己包里的那两双一直都舍不得穿的布鞋。他的第一个反应就是，可不可以把家乡的布鞋也拿到国外去卖呢？他的家乡，一个闭塞得几乎与外界隔绝的穷地方，妇人们只按自己的方式来制作她们心目中认为最美丽、最实用的鞋样，以尽量减轻男人们在外奔波的痛楚。没有机械，全凭手工，非常传统。

　　经过两年的市场考察，王永安证实了朋友并没有骗他，而且令他欣喜的是：所有出口布鞋要么是黏合底，要么是注塑底，没有一双真正传统意义上的全手工布鞋。这让他把家乡布鞋推广出去的愿望更加强烈了。

　　可是他只知道布鞋在国外市场空间大、生意好，但朋友并没有教他怎么做产品才能打入国外市场。因为毕竟这不是去岳西县城卖鸡蛋，不但要让老外知道你在卖中国最传统的布鞋，还要熟悉出口产品的一系列繁杂手续。

　　网络技术在中国如火如荼的发展让他了解并亲身体验到了这种方式的便捷。他所在的公司要了解客户，一般都是看客户公司的网页介绍，信件的往来也通过 E-mail。有一天，王永安拍着自己的脑袋蹿出办公室大笑：这不就是最好的方式吗？把自己的布鞋产品信息发布到互联网上，让全世界的人都知道中国有个布鞋之乡——岳西。

　　1997 年，王永安回到家乡。他的设想遭到了家人的一致反对。但是，王永安认定了，他要用事实来说话。第二天，王永安背了几个干馍，揣着打工的积蓄，到县城里去了，走出了他办厂的第一步。同时，为了打通山里与外界的隔阂，他买电脑、办上网手续，买电脑方面的书，自学电脑相关知识和与客户直接交流的简单英语……

王永安买了电脑和王永安要办一个布鞋厂，对山里的人来说，都具有相当于中国加入 WTO 及签订了双边协议同样的轰动效果。因为这带来的不仅是现代观念的冲击，更有乡亲们对提高当地经济水平、改善生活质量的渴盼。

按照自己的设想，王永安招收了 500 名当地妇女，扯起了养生鞋厂的大旗。这 500 名"工人"利用一年中农闲的 8 个月，在自己家里进行布鞋加工制作。再设几名专职的管理人员，负责产品质量的控制和物料的管理，自己则负责总体管理和对外营销。

王永安最多时可以发动 1 万多名乡亲来进行布鞋加工。整个生产进行流水作业，500 名"工人"各司其职，一天正常可生产 100 双鞋。安排好生产，王永安便专心致力于销售通路的建设。他的目标是网络。

一个美国资深电子商务专家为不适合在网上销售的商品排了一个名次，鞋子在其中排第 4 名。但是王永安却以自己的方式，让他"全国独一家"的网上鞋店红红火火地经营起来。

最先，王永安只能依靠电子公告板，到许多国内有影响的站点上去发布自己产品的信息。不过几天时间，他居然卖掉了两双布鞋，而且是凭借网上零售方式售出的。这给了王永安莫大的信心。

1998 年 7 月，通过上网了解和查询，王永安又将已有一点名气的养生鞋厂挂接到郑州一个叫"购物天堂"的网站上，网页的制作与维护都由郑州方面负责，1 年的服务费用为 600 元，王永安只负责提供资料。客户在网上看样下订单、签合同，最后按客户的要求通过深圳外贸进出口公司，发往指定港口、码头交货，整个网上销售系统显得十分的顺畅。20 多家国内代理商通过网络认识了这个小县城里的鞋厂，并开始与其磋商做养生鞋厂的代理事宜其中从国外发来电子邮件的有好几家。令王永安永生难忘的是第一笔同外商交易成功的业务，那是在深圳进出口公司的帮助下，700 多双布鞋销到了美国洛杉矶。这些在常人看来难登大雅之堂的布鞋，这些出自于中国农民粗糙之手的布鞋，终于走出了国门。在接下来短短几个月的时间里，王永安通过他的网上鞋店共销售了约 1 万双左右的布鞋，让贫困的山里人真正看到了知识的力量和致富的希望。网上销售的成功让王永安激动不已，更让家里人改变了对他创业初期的看法。

随着销售量的提高，王永安进一步扩大了布鞋品种，加大了对外宣传力度。1999 年 2 月，王永安申请了自己独立的国际域名，用英文、中文简体和繁体三种语言形式在网上发布养生鞋厂的信息，并与国内许多与鞋产品有关的几十个网站进行了链接。其效果十分明显，在鞋类上，养生厂可以生产老、中、青、少、小不同层次、不同类型的布鞋 100 多种。

养生鞋厂的业务量突飞猛进，布鞋产品全部出口国外，包括美国、日本、英国、芬兰等 10 多个国家。产品供不应求，生产与销售已基本走上了正轨。依靠昔日难登大雅之堂的平凡的布鞋，王永安让全村人均增收达到每年 2000 元，昔日的贫困山区面貌得到了彻底的改变。而他的 3 万元投资，两年时间增值到了 50 余万元。

人 生 感 悟

善于利用一切便利的工具和条件，是一个投资者"财智"的重要表现。如今，我们面对着一个波澜云涌、瞬息万变的社会，充分利用高科技的成果，便可"好风凭借力，送我上青云"。

妙手生花，让钱生钱

真正的挣钱人对金钱有着独特的理解：他们赚钱是为了花出去，他们花钱是为了赚更多的钱。洛克菲勒王朝的创始人约翰·戴维森·洛克菲勒的童年时光是在一个叫摩拉维亚的小镇上度过的。每当黑夜降临，约翰常常和父亲点着蜡烛，相对而坐，一边煮着咖啡，一边天南地北地聊着，话题又总是少不了怎样做生意赚钱。约翰·洛克菲勒从小就满脑子装满了父亲传授给他的生意经。

7 岁那年，一个偶然的机会，约翰在树林中玩耍时，发现了一个火鸡窝。

他想火鸡是大家都喜欢吃的肉食品，如果他把小火鸡养大后卖出去，一定能赚到不少钱。于是，洛克菲勒此后每天都早早来到树林中，耐心地等到火鸡孵出小火鸡后暂时离开窝巢的间隙，飞快地抱走小火鸡，把它们养在自己的房间里，细心照顾。

到了感恩节，小火鸡已经长大了，他便把它们卖给附近的农庄。于是，洛克菲勒的存钱罐里，镍币和银币逐渐增多，变成了一张张绿色的钞票。一个年仅 7 岁的孩子竟能想出卖火鸡赚大钱的主意，实在令人惊叹！

父亲和母亲对长子行为的反应截然相反。笃信宗教、心地善良的母亲对此又气又恼，狠狠地把他揍了一顿，可是颇有眼光的父亲却说："哎呀，爱丽莎，你何必呢！这个国家现在最重要的就是钱、钱、钱！"他对儿子的行为大加赞赏，满心欢喜。约翰·洛克菲勒就是由这样一个相信圣经上所写的一言一语、敬畏上帝的基督教徒的母亲抚养大，由父亲的实际处世之道教育成人的。

在摩拉维亚安下家以后，父亲雇用长工耕作他家的土地，他自己则改行做了木材生意。人们喜欢称他父亲为"大比尔"，大比尔工作勤奋，常常受到赞扬，另外他还热心社会公益事业，诸如为教会和学校募捐等，甚至参加了禁酒运动，一度戒掉了他特别喜爱的杯中之物。

大比尔在做木材生意的同时，不时向小约翰传授这方面的经验。洛克菲勒后来回忆道："首先，父亲派我翻山越岭去买成捆的薪材以便家里使用，我知道了什么是上好的硬山毛榉和槭木；其次，父亲告诉我只选坚硬而笔直的木材，不要任何大树或'朽'木，这对我是个很好的训练。"

洛克菲勒年幼时就显示出经商的天赋。在和父亲的一次谈话中，大比尔问他：

"你的存钱罐，大概存了不少钱吧？"

"我贷了 50 元给附近的农民。"儿子满脸的得意神情。

"是吗？50 元？"父亲很是惊讶。因为那个时代，50 美元是个不小的数目。

"利息是 7.5%，到了明年就能拿到 3.75 元的利息。另外我在你的马铃薯地里帮你干活，工资每小时 0.37 元，明天我把记账本拿给你看。其实，这样出卖劳动力很不划算。"洛克菲勒滔滔不绝，很是在行地说着，毫不理会父亲的惊讶表情。

父亲望着刚刚 12 岁就懂得贷款赚钱的儿子，喜爱之情溢于言表，儿子的精明不在自己之下，将来一定会大有出息的。

人 生 感 悟

财富的积累需要储蓄，但如果一直储蓄，不思投资，那么钱就成为死钱。你虽然不会为没钱生活而忧虑，但你也永远不能成为亿万富翁。钱就像水一样，只有流动起来了，才能创造更多的价值。

空手套白狼

1981 年，中共十一届三中全会刚刚开过，头脑聪明、嗅觉灵敏的王仁昌立即抓住这个时机，用妹妹从别人手里借来的 260 元钱，在武汉汉正街开始了商海生涯。此时的武汉三镇日渐繁荣，汉正街车水马龙，人流如潮。王仁昌的百货摊一人忙不过来，弟弟王仁忠便来帮忙。

1981 年春节之后，别人还蒙在鼓里，王氏兄弟就开始悄悄赊销武汉制伞厂的老式雨伞。3.7 元一把进，3.9 元往外批发，每把伞可净赚 0.2 元，下一次进货时结清上次赊的货款，一月可周转 2～3 次。勤干苦做 3 个月后，王氏兄弟的能耐和信誉在汉正街已是有口皆碑。不久，已有近 10 家商贩醒悟过来，以相同方式卖伞，而且批零兼营。竞争日益激烈，商贩间相互抓信息、抢速度和钩心斗角，同拥挤热闹的汉正街一样紧张忙碌。

哥哥的知识智慧加上弟弟的实践经验，两兄弟很快就发现一种广州产的新式折叠伞款式新颖，小巧玲珑，且伞的色彩鲜艳，销路肯定会更好。必须抢在别人前面抓住机会！但手里的钱远远不够，赊销别人不干。此时，两兄弟因信誉好，同伞厂的合同已改为一月一结，正好一个月的周期里把赊货赚来的钱拿去广州进货，卖完了再结武汉伞厂的钱。为了尽快在月初将赊货变成现金，兄弟俩一咬牙，决定每把伞以比进价还低1毛的价格批发。"王仁昌的伞3.6元一把！"一时间，两兄弟的伞被里三层外三层的商贩疯狂抢购，而别人的伞堆积如山却无人问津。

两天之后，兄弟俩冒着倾家荡产的风险，爬上南下的列车，在肮脏的硬座椅子底下一躺就是十几个小时。从广州发回的货，异常畅销，8元进价卖9.5元，每天销500把伞，而且每周可周转4～6次，这意味着王氏兄弟卖广州货比卖武汉货每月可多赚10倍以上。王氏兄弟不投分文，却凭着自己精明的头脑，用别人的钱一次又一次得心应手地玩着"空手道"的游戏。

1985年，兄弟俩抓住了一个机会，并再次以其出色的才智，在20天内，以1万元资本做成一笔370万元的生意，净赚60万元，至今仍令武汉三镇的批发商叹为观止。

当时，武汉针棉织品批发公司准备将仓库里积压的价值370万元的手套、袜子、内衣、内裤一次性5折出手。汉正街很多人都知道这消息，可谁有本钱和胆量去一次吃进185万元的货？就在别人摇头叹息之时，王氏兄弟俩却在家里密谋策划，设计了一个使"自己的风险最小化，所获的利润最大化"的方案。

第二天，兄弟俩找到武汉粮食局百货经营部，提出两家联手吃下这一笔生意。实施步骤是：王氏兄弟俩以1万元现金交给粮食局作抵押金，粮食局作保并开具一张为期一月、数字为185万元的远期支票给针棉织品批发公司，让针棉织品公司出货。王氏兄弟负责一月内将货销完并付清支票款。兄弟俩进一步开出双方合作条件：利润二八分成，粮食局二，王家兄弟八。

如果王氏兄弟一月内不能销完货，将按支票额的20%向粮食局赔款。这时双方打着相同的小九九：粮食局有钱，但无经营才能，吃得下货却怕销不动；王氏兄弟没钱，但有经营才能，销得出货却吃不下货。双方一拍即合。

很快，这一优势互补的合作水到渠成。王氏兄弟将这批货按质量好坏和不同样式，照一定比例搭配成 3 万～5 万元一份，以原价 7.5 折发给了汉正街各批发商，一时间人人争抢提货。

其间，两兄弟又动脑筋：将市场细分，对症下药。按各批发商不同的经营风格和性格进行货物分配。比如老年人经营求稳求慢，周期较长，两兄弟就将质差价低的"死货"销给他们；而性格急周转快的年轻商贩，就发给紧俏的货，以加快周转速度。就这样，仅 20 天，针棉织品批发公司积压多年的产品就被兄弟俩销售一空！最后，两人以 1 万元的本钱净赚 60 万元。

人 生 感 悟

"空手套白狼"是高明的投资者善于使用的一种手段。在发财的机遇面前，巧妙地运用智慧，将资金灵活运用，这样往往会带来一本万利甚至无本万利的收益。

兵贵神速

彭云鹏于 1977 年开始自己创业，几乎是白手起家，仅用了 10 多年时间，他创办的巴里多太平洋集团便成为印尼屈指可数的几家大集团之一。据《福布斯》杂志公布的资料，他的财富现已超过 45 亿美元。

彭云鹏的业绩实在令人瞩目，经济界人士认为其发展秘诀贵在神速。

彭云鹏之所以于 1977 年创立胶合板厂，是看准了当时世界市场胶合板紧俏，而印尼巴里多岛盛产木材，自己又有胶合板生产技术和销售关系，因此迅速把工厂扩大到 68 条生产线，使其胶合板产量不仅成为印尼第一，而且在世界上居首位。

为了确保胶合板生产所需的木材，彭云鹏又以速战速决的战术，在印尼申请到 500 万公顷的森林特许伐木权，另外在巴布亚新几内亚拥有 10 万公顷的特许伐木区。

为了适应庞大的伐木业以及夹板制造业的需要，彭云鹏果断地设立了180多家相关配套公司，包括运输公司、贸易公司、金融公司、酒店及房地产公司。

为了充分发挥开伐木材的作用，他又伺机成立了造纸厂，这个造纸厂是与印尼前总统苏哈托的儿子合作的，共投资1.6亿美元。由于有一种特殊的人际关系，该项目很快就完成了。

彭云鹏早就懂得"激水之疾，至于漂石者，势也"的哲理，他乘着自己业务迅速扩大之势，及时地向国外拓展。

他通过在中国香港、新加坡、维京群岛等地设立机构，开展胶合板、纸张的销售及进行各种投资、筹措资金等活动。

1993年，他与林绍良联手购入华裔富豪谢建隆的阿斯特拉国际的部分股权，他占股达20%。他又与郭鹤年联手，投资1亿美元于新加坡的圣陶沙游乐场。

1993年底和1994年，彭云鹏将其属下的巴里多太平洋木业等集团上市，加上其所属的阿斯特拉集团控制的3家上市公司在内，彭云鹏在印尼本土所控制的上市公司总值超过60亿美元。

人 生 感 悟

俗话说："兵贵神速。"在当今这个快节奏的竞争时代，提高做事的速度和效率，无疑是独立潮头的一大法宝。

一次特殊的考核

日本松下公司准备从新招的3名员工中选出一位做市场策划，于是，对他们例行上岗前的"魔鬼训练"予以考核。

公司将他们从东京送往广岛，让他们在那里生活一天，按最低标准给他们每人一天的生活费用2000日元（合人民币160元左右），最后看他们谁剩回的钱多。

剩是不可能的，这点谁都明白，想要"剩"回的钱多，就必须利用自己的智慧让 2000 日元的生活费在短短的一天里生出更多的钱来。

做生意是不可能的，一罐乌龙茶的价格就是 300 日元，一听可乐的价格是 200 日元，住一夜最便宜的旅馆就需要 2000 日元……也就是说，他们手里的钱仅仅够在旅馆里消费一夜，要不就别睡觉，要不就别吃饭，除非他们在天黑之前让这些钱生出更多的钱。而且他们必须单独生存，不能联手合作，更不能给人打工。

第一个先生非常聪明，他用 500 日元买了一个黑墨镜，用剩下的钱买了一把二手吉他，来到广岛最繁华的地段——新干线售票大厅外的广场上，演起了"瞎子卖艺"，半天下来，他的大琴盒里已经装满钞票了。

第二个先生也非常聪明，他用 500 日元做了一个大箱子，上写"将核武器赶出地球——纪念广岛灾难 40 周年暨为加快广岛建设大募捐"，也放在这最繁华的广场上，然后用剩下的钱雇了两个中学生做现场宣传讲演。还不到中午，他的大募捐箱就满了。

第三个先生真是个没头脑的家伙，或许他太累了，他做的第一件事就是在中午找个小餐馆，要了一杯清酒、一份生鱼和一碗米饭，好好地吃了一顿，一下子就消费了 1500 日元。然后钻进一辆被当作垃圾抛掉的旧丰田汽车里美美地睡了一觉。

广岛人真不错，两个先生的"生意"异常红火，一天下来，他们都窃喜自己的聪明和不菲收入。

谁知，傍晚时分，厄运却降临到他们头上。一位佩戴胸卡和袖标，腰挎手枪的城市稽查人员出现在广场上，他扔掉了"瞎子"的墨镜，摔碎了"瞎子"的吉他，撕破了"募捐人"的箱子并赶走了他雇的学生，没收了他们的财产，收缴了他们的身份证，还扬言要以欺诈罪起诉他们——然后扬长而去。

这下完了，别说赚钱了，连老本都亏进去了。他们都气愤地骂那个稽查人员："太黑了，简直是个魔鬼！"

当他们想方设法借了点路费，狼狈不堪地比规定时间晚一天返回松下公司时——天哪，那个"稽查人员"正在公司恭候。

"稽查人员"掏出两个身份证递给他们，深鞠一躬："不好意思，请多关照！"

是的，他就是那个在饭馆里吃饭，在汽车里睡觉的先生。他的投资是用150日元做了一个袖标、一枚胸卡，花350日元从一个拾垃圾老人那儿买了一把旧玩具手枪和一副化装用的络腮胡子，当然，还有就是花1500日元吃了顿饭。

这时，松下公司国际市场营销部总课长宫地孝满走出来，一本正经地对站在那里怔怔发呆的"瞎子"和"募捐人"说：

"企业要生存发展，要获得丰厚利润，不仅仅要会吃市场，最重要的是懂得怎样吃掉吃市场的人。"

人 生 感 悟

真正聪明的投资者便是那些用最巧的方法赢得最大利益的人。他们深谙竞争的法则，懂得将市场和竞争对手一样"歼灭"，这就是人们惯常所说的"赢家通吃"规则。

向前线挺进

马登在7岁时就成了孤儿，这时他不得不自己去寻找住处和饮食。早年他读过苏格兰作家斯玛尔斯的《自助》一书。作家斯玛尔斯像马登一样，在孩提时代就成了孤儿，但是，他找到了成功的秘诀。《自助》一书中的思想种子在马登的心中形成了炽烈的愿望，发展成崇高信念，使他的世界变成了一个值得生活得更美好的世界。

在1893年经济大恐慌之前的经济繁荣时期，马登开办了4个旅馆。他把这4个旅馆都委托给别人经营，而他自己则花许多时间用于写书。实际上，他要写一本能激励美国青年的书，正如同《自助》过去激励了他一样。

马登把他的书叫作《向前线挺进》。他采用的座右铭是："要把每一时刻都当作重大的时刻，因为谁也说不准何时命运会检验你的品德，把你置于一个更重要的地方去！"

就在这个时候，命运开始检验他的品德，要把他安排到一个更重要的地方去了。

1893 年的经济大恐慌袭来了。马登的两家旅馆被大火烧得精光，即将完成的手稿也在这场大火中化为灰烬。

但是他审视周围，看看国家和他本人究竟发生了什么事。他的第一个结论是：经济恐慌是由恐惧引起的，诸如恐惧美元贬值、恐惧破产、恐惧股票的价格下跌、恐惧工业的不稳定等。

这些恐惧致使股票市场崩溃。567 家银行和贷款信托公司以及 156 家铁路公司，都破产了。失业影响了数以百万计的人们，而干旱和炎热，又使得农作物歉收。

马登觉得有必要来激励他的国家和人民。有人建议他自己管理其他两个旅馆，他否定了。占据他身心的是一种崇高的信念，马登把这种信念同积极的心态结合在一起。

他又着手写另一本书。他的新座右铭是一句自我激励的语句："每个时机都是重大的时机。"

他告诉朋友们说："如果有一个时候美国很需要积极心态的帮助，那就是现在。"

他在一个马厩里工作，只靠 1.5 美元来维持每周的生活。他夜以继日不停地工作，终于在 1893 年完成了初版的《向前线挺进》。

这本书立即受到了热烈的欢迎。它被公立学校作为教科书和补充读本，它在商店的职工中广泛传播，它被著名的教育家、政治家以及牧师、商人和销售经理推荐为激励人们采取积极心态的最佳读物。它以 25 种不同的文字同时发行，销售量高达数百万册。

同时，马登也成了一个百万富翁。

　　马登和我们一样，相信人的品质是取得成功和保持成果的基石。并认为达到了真正完满无缺的品质本身就是成功。他指出了成功的秘密，他追求金钱，但是他反对追逐金钱和过分贪婪。他指出有比谋生重要千倍的东西，那就是追求崇高的生活理想。

　　马登阐明了为什么有些人即使已成为百万富翁，但仍然是彻底的失败者。那些为了金钱而牺牲了家庭、荣誉、健康的人，一生都是失败者，不管他们可以聚敛多少钱财。追求金钱、崇尚金钱，本身并没有错，只要你不过分沉溺于其中，不贪财，不被其所左右。

人 生 感 悟

　　不管人们处于何种地位，钱都是生存的必需品，钱也是增加休闲方式、提高生活品质的一种途径。然而，金钱不是万能的，如果把金钱本身当成了生存的目的，人们就会陷入失望和不满，并且永远无法达到提升生活品质的目标。

第三章

空等运气不如
把握机遇

机遇与我们的人生事业休戚相关，抓住一个哪怕是万分之一的机遇，都能让我们有所建树。

从某种意义上说，时时有机会，处处有机会，机会对每个人都是均等的。只有懂得珍惜它的人才能知道它的价值，只有坚忍不拔地追求它的人才能受到它的青睐。你准备的愈多，你能抓住的机会就愈多，你成功的可能性就愈大。相反，你付出的越少，你的机会就越少，成功的希望就越渺茫。因此，不失时机，抢先一步抓住机遇，对成功人生可谓至关重要。

机遇成就事业

周末的午后，一个商人正坐在阳台上悠闲地喝咖啡，他的手里还拿着一份当日的报纸。突然，报纸上的一条消息引起了他的注意："墨西哥爆发瘟疫，政府正在紧急封锁疫区。"

精明的商人非常重视这条消息，他知道，墨西哥如果真的发生了瘟疫，一定会从边境传染到美国的加州或得州来，而这两州正是美国肉类供应基地，假如这里真的发生瘟疫，整个美国的肉类供应将会货源紧缺，势必引起肉价飞涨。

商人的职业本能使他的大脑飞快地盘算起来，他当即决定立刻派人奔赴墨西哥实地调查和了解有关情况。几天后，他的考察组从墨西哥发回电报，证实了疫情蔓延得广而快，已经无法控制了。

商人立即集中和筹措大量资金收购加州及得州的肉牛和生猪，并迅速运到远离这两州的东部地区。

商人估计的一点不差，两星期后，瘟疫便从墨西哥传到美国西部，美国政府发布紧急命令，严禁一切食用品从这几个州运出，肉类品首当其冲，全美市场上肉类品告急，肉价暴涨。

商人觉得发财的时机到了，他将事先囤积在东部的肉牛和生猪高价售出，总共不到 3 个月的时间，他净赚了 900 万美元。

这就是精明商人的谋财之道。

人 生 感 悟

机遇对于每一个人来说都是公平的，只是有些人抓住了，有些人错过了，有些人在不断地创造机会，有些人却在苦苦等待机会。可从另外一个角度来说，机遇只偏爱那些有准备头脑的人，只重视那些懂得怎样追求它的人。

把握机遇，走向胜利

一天，在西格诺·法列罗的府邸正要举行一个盛大的宴会，主人邀请了一大批客人。就在宴会开始的前夕，负责餐桌布置的点心制作人员派人告诉管家，他摆放在桌子上的那件大型甜点饰品不小心被弄坏了，管家急得团团转。

这时，西格诺府邸厨房里干粗活的一个仆人走到管家的面前怯生生地说道："如果您能让我来试一试的话，我想我能造另外一件来顶替。"

"你？"管家惊讶地喊道，"你是什么人，竟敢说这样的大话？"

"我叫安东尼奥·卡诺瓦，是雕塑家皮萨诺的孙子。"这个脸色苍白的孩子回答道。

"小家伙，你真的能做吗？"管家将信将疑地问道。

"如果您允许我试一试的话，我可以造一件东西摆放在餐桌中央。"小孩子开始显得镇定一些。

仆人们这时都显得手足无措了，于是，管家就答应让安东尼奥去试试，他则在一旁紧紧地盯着这个孩子，注视着他的一举一动，看他到底怎么办。这个厨房的小帮工不慌不忙地要人端来了一些黄油。不一会儿工夫，不起眼的黄油在他的手中变成了一只蹲着的巨狮。管家喜出望外，连忙派人把这个黄油塑成的狮子摆到了桌子上。

晚宴开始了，客人们陆陆续续被引到餐厅里来。这些客人当中，有威尼斯最著名的实业家，有高贵的王子，有傲慢的王公贵族们，还有眼光挑剔的艺术评论家。但当客人们看见餐桌上卧着的黄油狮子时，都不禁交口称赞起来，纷纷认为这是一件天才的作品。他们在狮子面前不忍离去，甚至忘了自己来此的真正目的。结果，这个宴会变成了对黄油狮子的鉴赏会。客人们在狮子面前情不自禁地细细欣赏着，不断地问西格诺·法列罗，究竟是哪一位伟大的雕塑家竟然肯将自己天才的技艺浪费在这样一种很快就会熔化的东西上。法列罗也愣住了，他立即喊管家过来问话，于是管家就把小安东尼奥带到客人们的面前。

当这些尊贵的客人们得知，面前这个精美绝伦的黄油狮子竟然是这个小孩仓促间做成的作品时，都不禁大为惊讶，整个宴会立刻变成了对这个小孩的赞美会。富有的主人当即宣布，将由他出资给小孩请最好的老师，让他的天赋充分地发挥出来。

但安东尼奥没有被眼前的宠幸冲昏头脑，他依旧是一个淳朴、热切而又诚实的孩子。他孜孜不倦地刻苦努力着，希望把自己培养成为皮萨诺门下一名优秀的雕刻家。

也许很多人并不知道安东尼奥是如何充分利用第一次机会展示自己的才华的。然而，却没有人不知道后来著名雕塑家卡诺瓦的大名，也没有人不知道他是世界上伟大的雕塑家之一。

人 生 感 悟

小安东尼奥抓住机遇成就自己的故事，充分证明了：善待机遇便能打开通往成功的大门。

你想成功吗？那就做好准备，把握好你人生的每一个机遇！

永远错过的时机

有一个创业的年轻人在遭受了几次挫折后，有点灰心了，很茫然地依靠在一块大石头上，懒洋洋地晒着太阳。

这时，从远处走来了一个怪物。

"年轻人！你在做什么？"怪物问。

"我在这里等待时机。"年轻人回答。

"等待时机？哈哈……时机是什么样的，你知道吗？"怪物问。

"不知道。不过，听说时机是个神奇的东西，它只要来到你身边，那么，你就会走运，或者当上了官，或者发了财，或者娶个漂亮老婆，或者……反正，美极了。"

"嗨！你连时机是什么样的都不知道，还等什么时机？还是跟着我走吧，让我带着你去做几件有益的事吧！"怪物说着就要来拉年轻人。

"去去去，少来这一套！我才不会跟你走呢！"年轻人不耐烦地说。

怪物叹息地离去。

一会儿，一位长髯老人（我们常说的时间老人）来到年轻人面前问："你抓住它了吗？"

"抓住它？它是什么东西？"年轻人问。

"它就是时机呀！"

"天哪！我把它放走了！"年轻人后悔不迭，急忙站起身呼喊时机，希望它能返回来。

"别喊了。"长髯老人接着又说，"我来告诉你关于时机的秘密吧。它是一个不可捉摸的家伙。你专心等它时，它可能迟迟不来，你不留心时，它可能就来到你面前；见不着它时你时时想它，见着了它时，你又认不出它；如果当它从你面前走过时你抓不住它，那么它将永不回头，这时你就永远错过了它！"

人 生 感 悟

有一种说法认为："机遇可遇而不可求。"其实，机遇的产生也有其内在规律。如你有足够的勇气、睿智的头脑、敏锐的观察力和判断力，机遇也可以被"创造"出来。善于等待机遇、抓住机遇是一种智慧，创造机遇更是一种大智慧。

在成功之路上奔跑的人，如果能在机遇来临之前就能识别它，在它消失之前就果断采取行动抓住它，这样，幸运之神就会来到你的面前。

天下没有白吃的午餐

机遇不会从天而降，需要你去争取，需要你去寻求、去创造。守株待兔得来的永远只有一只兔子，只有积极的行动，才会获得成百上千只兔子。

即使机遇真的会从天而降，如果你背着双手，一动不动，机遇也会从你身边溜走。

人们在做一件事情时，总是先有计划，然后付诸行动来实施，不要奢望有什么不劳而获的事情发生在你的身上。

在西方流传着这样一个故事：许多年前，一位聪明的国王召集了一群聪明的臣子，给了他们一个任务："我要你们编一本各时代的智慧录，好流传给子孙。"这些聪明人离开国王后，工作了很长一段时间，最后完成了一本 12 卷的巨作。

国王看了以后说："各位先生，我确信这是各时代的智慧结晶，然而，它太厚了，我怕人们不会读它，把它浓缩一下吧。"这些聪明人又经过一段时间努力地工作，几经删减之后，完成了一卷书。然而，国王还是认为太长了，又命令他们再浓缩，这些聪明人把一卷书浓缩为一章，又浓缩为一页，然后减为一段，最后变为一句话。

聪明的老国王看到这句话后，显得很得意。"各位先生，"他说，"这真是各时代智慧的结晶，并且各地的人一旦知道这个真理，我们大部分的问题就能解决了。"

这句话就是："天下没有白吃的午餐。"

这则寓言告诉了人们这样一个道理：没有积极的行动，你就抓不住机遇。

机会的发现、利用是以主体的努力为代价的。法国微生物学家、化学家巴斯德曾说："机遇只偏爱那些有准备头脑的人。"法国细菌学家尼克尔说："机遇垂青那些懂得怎样追它的人。"不管你等待多久，机会不会自动前来敲门，机会的得来是要靠人们付出艰辛劳动的。企图等待别人为你创造奇迹或期待明天出现奇迹，是不切实际而且必遭失败的幼稚想法。从这个意义上讲，任何成功都是主体努力争取的结果。世上没有救世主，只能靠自己。

从某种意义上说，处处有机会，机会对每个人都是均等的。只有懂得珍惜它的人才能知道它的价值，只有持之以恒地追求它的人才能受到它的青眯。你付出越多，你抓住的机会就越多，你成功的可能就越大。相反，你付出越少，你的机会就越少，成功的希望就越渺茫。

人 生 感 悟

有些人把学业上无建树、工作上无绩效、仕途上不通达，一概归咎于没有机会，还以为自己才华盖世而不遇良机，那些只会发出"蓬蒿隐匿灵芝草，淤泥藏陷紫金盆"感叹的人，永远也不会尝到成功的甜果！

机遇垂青于那些有准备的人

1861年，门捷列夫担任圣彼得堡大学教授。在编写新的无机化学教科书的某个章节的时候，他遇到了这样一个难题，究竟应该按照什么样的次序排列化学元素的位置呢？

为此，门捷列夫迈进了圣彼得堡大学的图书馆，在数不尽的卷帙中逐一整理以往人们研究化学元素分类的原始资料。他还把所有的元素名称、化合物的化学式和主要性质分类写在纸卡片上，每天皱着眉头地玩"牌"，夜以继日地思考着……

冬去春来，有一天，他又坐到桌前摆弄着"纸牌"，摆着，摆着，他像触电似的站了起来，然后迅速地抓起记事簿在上面写道："根据元素原子量及其化学性质的近似性试排元素表。"

就这样，门捷列夫于1869年2月底，发现了化学元素具有周期性变化的规律，为世界化学史留下了划时代的一笔。

门捷列夫在63个孤零零的元素中找到了联系和变化的规律，发现了影响深远的元素周期律。对此，很多人都会得出这样的结论：他的发现和发明，完全得益于偶然的机遇和灵感。可是，"冰冻三尺，非一日之寒"。虽然科学发明、创造的成果似乎有时"得来全不费工夫"，但它却是"踏破铁鞋"的必然结果。

正如门捷列夫的回答："这个问题我大约考虑了20年，而你却认为坐着不动，5个戈比一行，5个戈比一行地写着，突然就行了！事情并不这样！"如果有的人把门捷列夫发现元素周期律归结到偶然性因素上的话，那么，我们只能说："如果成功确实有什么偶然性的话，这种偶然的机会也只会垂青那些有准备的人。"

人 生 感 悟

有的人一味地把自己的不如意归结为"运气不好"，这只是给自己找的借口，要知道，机遇只垂青那些有准备的人。

抓住万分之一的机会

人生就像流水，有的人在一个地方打转转，有的人乘着急流往下游奔驰。你乘着这道流水，也许就在岸边优哉游哉，好几年才移动那么一点点，甚至完全静止不动。随波逐流的落叶，只有听天由命，是无可奈何的。它的前途，完全由风向与流水决定。然而，你却可以自己决定前途，不必待在静止不动的静水处。你可以向流水中央游去，乘着急流，去寻找新的机会，你所需要的，就是用自己的力量向着急流游去。

美国但维尔的百货业巨子约翰·甘布士，就是一个敢于把握机遇的人。其实，甘布士的经验极其简单，用他的话说就是："不放弃任何一个机会，这个机会哪怕只有万分之一的可能，你也要抓住。"

但有不少聪明人对此万分之一的机遇是不屑一顾的，认为这种机遇太渺茫，实现的可能性太小。

约翰·甘布士的看法却不同。有一次，甘布士要乘火车去纽约，但事先没有订妥车票。这时恰好是圣诞节前夕，到纽约去度假的人很多，因此，火车票很难买到。

甘布士妻子打电话去火车站询问："是否还可以买到这一车次的火车

票？"车站的答复是："全部车票都已售完。不过，若是不怕麻烦的话，可以带着行李到车站来碰碰运气，看是否有人临时退票。"但车站还反复强调了一句，说是这种机会或许只有万分之一的可能。

甘布士依然提了行李，赶到车站去，其坐车的信心就跟买好了车票一样。

妻子问："甘布士，你要是到了车站等不到票呢？"

甘布士说："那没有关系，我就当是拿着行李到外面去散了一趟步。"

甘布士赶到了火车站，等了许久，仍然没有发现退票的人，乘客们都川流不息地向月台涌去。但甘布士并不着急，而是在那里耐心地等待，直到距开车的时间只有 5 分钟，一个女人匆忙地赶来退票，因为她的女儿突然生病，她只好将票退了留下来照顾女儿。甘布士终于等到了一张去纽约的火车票。

甘布士到了纽约，他在一家旅店住下，洗过澡，便坐下来给妻子打电话，说："亲爱的美莎，我抓住那只有万分之一的机会了，我很高兴，因为我相信这万分之一的机会也有成功的存在，所以我成功了。"

后来，甘布士成为全美举足轻重的商业巨子，他在一封给青年人的公开信中诚恳地说道：

"亲爱的朋友，我认为你们应该重视那万分之一的机会，因为它将给你带来意想不到的成功。有人说，这种做法是傻子行径，比买奖券的希望还渺茫。这种观点是有失偏颇的，因为开奖券是由别人主持，丝毫不由你主观努力；但这种万分之一的机会，却完全是靠你自己的主观努力去完成。"

人 生 感 悟

生活中许多人都付出了同样的努力，但是有人成功了，有人却失败了，原因何在？在商业活动中，时机的把握甚至完全可以决定你是否有所建树。抓住每一个致富的机遇，哪怕那种机遇只有万分之一实现的可能性，只要你抓住了它，就意味着你的事业已经成功了一半。

主动寻找机遇

考电影学院是张艺谋生命中一次至关重要的机遇，也是他人生的根本转折点。张艺谋在这一关键时刻所表现出来的智慧、意志和技巧，颇值得我们学习。

那是 1978 年，北京电影学院在恢复高考后的第一次招生，张艺谋的心一下子热起来，他知道企盼多年的机遇已经来临。但他也意识到，政审可能再次成为他的软肋。可这毕竟是千载难逢的一次机会，他一定要去试一试。

张艺谋争取到了一次去北京出差的机会，带着自己精心挑选的摄影作品，找到了电影学院的招生办公室。他的作品所表现出来的优秀的艺术素养令老师们大加赞赏，但是，学校规定招生的最高年龄是 22 岁，而张艺谋当时已经 27 岁了。制度无情，先是年龄一项就把张艺谋阻挡在门外，张艺谋虽然多方奔走，却毫无结果。

张艺谋失望至极，但仍未绝望，他属于那种只要还有一点可能和机会便会死死抓住不放的人，他要扭转自己的命运。当时国内正时兴"读者来信"，提倡"伯乐精神"，强调各级领导要重视和认真对待来自基层的各种意见和要求。张艺谋听从一位深谙世事和中共党史的朋友的建议，给素昧平生的当时的文化部长黄镇写了一封言辞恳切的信，还附带了几张能代表自己摄影水平的作品。最终，信辗转到了黄部长手中，颇通艺术的部长认为张艺谋是个人才，遂写信给电影学院，并派秘书前往游说，终于使电影学院破格录取了张艺谋。而且，最使张艺谋倍感幸运的是，他居然莫名其妙地通过了政审和文化考核这两大难关。

然而，好事多磨。在张艺谋读完大学二年级的时候，校方以他年龄太大为由要求他离校。而此时力荐张艺谋的黄部长已经离休，向谁去求助呢？张艺谋意识到，千里马常有而伯乐不常有，不能把自己的命运寄托在伯乐身上。自己已进入而立之年，更应该自己掌握自己的命运，而所谓的命运，无非就是发现机会和抓住机会的能力。他硬着头皮给校领导写了一封态度诚恳的"决心书"，强烈表达了自己要求继续读书的愿望。再加上爱才的老师多方说好话，校方终于同意让他继续上学。在以后的3年中，张艺谋的摄影水平有了突飞猛进的提高。最后终于成为一代"名导"。

如果张艺谋没有到北京去报名，如果他没有写信给黄镇部长，如果他屈从了校方的压力，那么我们今天就看不到许多具有艺术价值的影片了。

人 生 感 悟

机遇，有时候游离不定、模糊不清，让人摸不着头脑。这时，只有你主动出击，那你胜利的机会就会多一点。

善于把握机遇的盖茨

比尔·盖茨的成功很大程度上取决于他是个善于把握时机的天才。在1980年微软与IBM公司的一次具有决定性的会议上，计算机产业甚至可以说整个商业领域的未来被改写了。事情大大出乎人们的意料。蓝色巨人公司的主管与西雅图的一家小软件公司签约，为自己的首部个人电脑开发操作系统。他们以为这仅仅是向小合同商外购不重要的部件的举动。毕竟，他们做的是计算机硬件生意，硬件才是利润的竞争所在。但是他们错了，世界将要为此而改变。在毫不知情的情况下，他们把他们的市场统领地位拱手让给比尔·盖茨的微软公司。

在很大程度上IBM被比尔·盖茨利用了，但是与微软公司的这项签约决定不过是蓝色巨人所犯的一系列错误中最严重的一个，这反映了IBM当时的狂妄自大。一个曾在IBM公司就职的职员把IBM比做苏联独裁政权，人们向上爬的方法是取悦他们的顶头上司而不是为用户的真正利益效力。所以，机构臃肿、盲目自信的IBM遭遇到充满活力、觊觎已久的微软公司时，就像把肥硕而昏聩的水牛引到吞食活物的食人鱼嘴边一样。

盖茨是幸运的，但是如果同样的机会落到其他人身上，结果也许就大不相同了。IBM 挑选了盖茨，这个从不错失良机的人，在关系到一生的重大时机前，他抓住了最重要的部分。IBM 忽视的也正是盖茨所清晰地看到的，计算机世界正在发生着翻天覆地的变化，这被管理理论家称为转型。某种程度上，盖茨了解到软件而不是硬件是未来发展的必争之地，这是 IBM 墨守成规的主管们所无法了解的。盖茨也了解到 IBM 将要求它的灵魂人物——市场部经理来为软件运行建立一个统一的操作平台，这个操作平台将以盖茨从其他公司购买的名为 Q-DOS 的操作系统为蓝本，而微软早已把 Q-DOS 改名为 MS-DOS。但在当时，即使是盖茨也没想到这次交易能给微软带来多么丰厚的利润。

人 生 感 悟

人生有限，机遇无限，有人说过这样一句话："耐心等待，机遇就在明天！"其实，机遇不必等待，机遇就在今天，就在你手中，成功就在你家门口。

谁经得起考验

大概是在 20 年前，在一个榆树成荫的礼堂里住着一位老绅士，他的脾气十分古怪。他 60 多岁，非常富有，有些奇怪的习惯，但他的慷慨和仁慈没人赶得上。

这位老绅士想请一个小孩照顾他的日常生活，帮他做些事情，因为他很喜欢年轻人。但他十分讨厌多数年轻人的好奇心，虽然他对他们的世界很感兴趣。他常说："偷看抽屉的孩子是试图从里边拿出一些东西，在年轻时偷过 1 分钱的人总有一天会偷 1 元钱。"

人们听到这个消息后，都想获得这个位置。不久老绅士就收到 20 多封来信。可是老绅士决定要找一位没有好奇心、不爱管闲事的人。

周一早上，大厅里来了 7 个穿着盛装，打扮漂亮的小伙子，每个人都暗下决心一定要得到这份工作。老绅士的脾气古怪，他准备好一间房子，这样，他很容易就会发现哪些人爱管闲事，喜欢往抽屉或壁橱里偷窥。他做好安排，让榆树大厅里的这些年轻人依次进入房间。

查尔斯·布朗第一个被叫进房间，老绅士请他在里边等一会儿。查尔斯在门边的一把椅子上坐下。刚开始他很安静，坐在椅子上朝周围看。当他发现屋里有许多珍奇的东西后，终于站了起来偷偷地观察。

桌子上有一个罩子，他很想知道下面是什么，但他不敢掀开罩子。坏习惯对人有很大的影响，查尔斯又是那种十分好奇的人，他终于忍不住掀开罩子想看个明白。

结果很使人扫兴，罩子下边是一堆轻飘飘的羽毛。羽毛被掀罩子时产生的流动空气卷起来，在房里飞来飞去。他十分害怕，赶忙把罩子放下，但桌上剩下的那些羽毛又被吹到地上了。

怎么办？他一根一根地捡着羽毛。老绅士一直就在隔壁，他听到这声音，就知道了发生的事情，他走了进来，正好看见查尔斯·布朗慌成一团的样子。他很快就把他打发走了，因为他认为查尔斯连最小的诱惑都无法抵制。

老绅士又重新弄好房间，叫来亨利·威尔金斯。老绅士刚离开房间，亨利就被一盘樱桃吸引住了。他特别爱吃樱桃，他想，这么多樱桃，即使吃掉一个老绅士也不会发现，他想了又想，看了又看，正准备从椅子上站起来拿樱桃时，他好像听到门口有脚步声，幸好是他听错了。

他又鼓起勇气，小心谨慎地站起来，拿了一个樱桃放进嘴里。美味极了！他想，再来一个也没什么，于是又拿了一个匆匆地塞进嘴里。在这堆樱桃里，老绅士有意放了几个假樱桃，假樱桃里边全是辣椒。很不幸的是，亨利碰巧就拿到了一个假的，他嘴里立即像着了火一样刺痛起来。老绅士听到咳嗽声，明白是怎么回事了。这个孩子既然会拿樱桃，肯定会拿别的东西。老绅士不喜欢他，于是他也被打发走了。

接着，鲁弗斯·威尔森被叫进来了，独自待在房里。他刚待了不到10分钟就开始东摸西碰。他的脾气倔强鲁莽，不受规矩的约束，要是他能打开这里所有的壁橱、抽屉和储藏室而不被发觉的话，他肯定会这么做。

他向周围看了看，发现桌上有个抽屉，决心看看里边有什么。他刚把手放在抽屉的拉手上，一阵清脆的铃声就响起来了。原来，桌子下面藏有一个电铃。老绅士听到铃声赶忙走了进来。

鲁弗斯被这突如其来的铃声吓了一大跳。虽然他的脸皮厚，但这时也觉得羞愧。老绅士问他拉铃是不是想要什么东西。他结结巴巴地想要道歉，但这毫无用处，他被老绅士从候选名单上删除了。

随后，一名老管家把乔治·琼斯领到房里。他性格谨慎，什么也没碰，只是向周围看着。后来，他发现有一扇壁橱的门虚掩着，他想，要是把它打开一点，绝不会有人发觉。于是，他看看门的下面，以免碰到东西发出声响，然后把门小心地打开了1厘米。要是他看上面而不看下面就好了，因为门上边系了一个小塞子，塞子堵住一个小桶，桶里装满了小铅球。他斗胆又把门打开了1厘米，接着又是1厘米，最后，塞子被拉了出来，蹦出了许多小铅球。壁橱的底部有个锡盘，小铅球滚到锡盘上发出很大的声音，乔治魂都被吓掉了。

老绅士很快就来了。他把脸吓得像纸一样白的乔治打发走了。

最后一个男孩叫哈里·戈登。他一个人在屋里待了20多分钟，在椅子上一动不动。他的头上也有眼睛，但他的心灵正直。罩子、樱桃、抽屉、把手、盒子、壁橱门和钥匙都没能使他离开座位。半小时后，老绅士留他在榆树大厅服务。他一直服侍老绅士直到他去世。由于他的正直，他从老绅士那儿得到了一大笔遗产。

哈里·戈登之所以能够被老绅士留下来，其关键的一点应该是戈登较前几位有着更强的自制能力。一个人在集中精力完成某项特殊任务时，在自制力的作用下，能排除干扰，抑制那些不必要的活动。

人 生 感 悟

一个人在事业上的成功需要有坚强的自制力品质。自制力强的人，能够理智地对待周围发生的事情，有意识地控制自己的思想感情，抓住稍纵即逝的机遇。

有需要就有市场

纽约有一家专卖手帕的夫妻老店，由于超级市场的手帕品种多、花样新，他们竞争不过，生意日益惨淡，眼看经营了几十年的老店就要关门了，他们却找不到一点办法。

一天，丈夫正坐在小店里无聊地看着路上来来往往的旅游者，忽然灵感飞来，他不禁忘乎所以地叫了起来："导游图，印导游图。"

"改行？"妻子惊讶地问。

"不不，手帕上可印花、印鸟、印山、印水，为什么不能印上导游图呢？一物二用，一定会受到游客们的青睐！"

妻子听了，恍然大悟，连连称妙。

于是，这对老夫妻立即向厂家订制一批印有纽约交通图及有关风景区导游的手帕，并且广为宣传。这个点子果然灵验，他们的夫妻店绝处逢生，销路大开。

机遇都是靠用心才能够挖掘出来的。面对一筹莫展的情况，再多的牢骚也是没有用的，即使你把整个世界都埋怨一遍，机遇也不会乖乖地来到你的面前。但是在你静下心来认真思考的时候，你就会觉得眼前一亮：机遇来到了你的身边！

有一个日本商人带着新婚的妻子去海外度蜜月。

有一天，他们去逛跳蚤市场，发现有一种东西很受当地人的欢迎。这东西价格便宜，最贵的也只不过1美元一对。妻子爱不释手，一口气买下十几对，要带回家赠给自己的亲朋好友。奇怪的是，这种东西送出去以后，亲戚朋友又纷纷上门来讨要，而且向他打听卖这种东西的商店在哪里。可是，商人找遍整个日本，也没有找到出售这种东西的商店。

其实，它只是生长在热带海洋的一种普通小虾，自幼从石头缝爬进去，然后在里面成长为无法出来的雌雄虾，被关在石头里终其一生。

商人一看此物这么受人欢迎，就专程飞往海外进口一大批雌雄虾运回日本，然后以"偕老同穴"命名，把它进行精美包装后出售。大家都认为这种虾能给新婚夫妻带来幸福，会成为新婚喜庆的珍贵礼物。果然，这种虾一摆上台，便供不应求。最后，1美元进口的东西，一下子竟卖到270美元的高价。

机会就是很平常地存在于你周围的环境中，它或许是一件小小的不起眼的东西，以它平常的姿态存在于它自己的位置上，并不因为其他人的存在而显得与众不同。可一旦你真正地利用了它，就会发现它耀眼的光芒，这比一块真正的宝石更值钱。

有一天，索尼公司的创始人盛田昭夫来到公园里散步，看到好朋友手提着一台笨重的录音机，耳朵上套着耳机，也在公园里悠闲地散步。

盛田昭夫感到奇怪，就问道："你这是怎么一回事？"

好朋友回答说："我喜欢听音乐，可又不愿意吵到别人，所以只好戴上耳机，一边散步一边听音乐，这真是一种惬意的享受。"

老朋友的一句话，触动了盛田昭夫的灵感：是不是可以生产一种可随身携带的听音乐的机器呢？新产品"随身听"的构想就由此萌芽。

根据盛田昭夫的设想，技术力量十分雄厚的索尼公司立即进行了缩小录音机零件的研制工作。没过多久，世界上最小的录放音机就问世了。

这种新型录放音机刚投入市场时，销售部门和销售商担心地说："这种必须使用录音带的机子，却没有录音的功能，大家会接受它吗？"

盛田昭夫坚定地说："汽车音响也没有录音的功能，可是每部车都需要它。你们应该明白一点：有需要就会有市场！"

人 生 感 悟

机遇不是一眼就能够看出来的，它需要你对事物有准确的判断力，对未来的真知灼见，以及机遇来临时能不假思索地抓住。能够发现并抓住机遇的人是走在最前面的人，也是最终取得成功的人。

第四章

习惯不是造就你，就是毁掉你

拿破仑·希尔说过："习惯能成就一个人，也能够摧毁一个人。"好习惯是成功的基石，它于经年累月中，影响着我们的品德，塑造着我们的思维方法和行为方式，并且左右着我们的成败。所以说，一个人要想有所成就，取得成功，就必须养成良好的习惯。

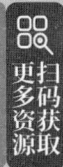

被遗忘的朋友

罗丹的一位奥地利朋友，曾经这样描述罗丹工作时的情形：

"在罗丹的工作室——有着大窗户的简朴的屋子里，有完成的雕像；有许许多多小塑样：一只胳膊，一只手，有的只是一只手指或者指节；已动工但搁下的雕像，堆着草图的桌子。这间屋子是他一生不断地追求与劳作的地方。

"罗丹罩上了粗布工作衫，就好像变成了一个工人。他在一个台架前停下。

"'这是我的近作。'他说着，把湿布揭开，现出一座女正身像。

"'这已完工了。'我想。

"他退后一步，仔细看着。但是在审视片刻之后，他低语了一句：'这肩上线条还是太粗。对不起……'

"他拿起刮刀、木刀片轻轻滑过软和的黏土，给肌肉一种更柔美的光泽。他健壮的手动起来了，他的眼睛闪耀着。'还有那里……还有那里……'他又修改了一下，他走回去。他把台架转过来，含糊地吐着奇异的喉音。时而，他的眼睛高兴得发亮；时而，他的双眉苦恼地蹙着。他捏好小块的黏土，粘在雕像身上，刮开一些。

"这样过了半个小时，一个小时……他没有再向我说过一句话。他忘掉了一切，除了他要创造的更崇高的形体的意象。他专注于他的工作，犹如在创世之初的上帝。

"最后，带着喟叹，他扔下刮刀，像一个男子把披肩披到他情人肩上那种温存关怀般地把湿布蒙上女正身像。他又转身要走，在他快走到门口之前，他看见了我。他凝视着，就在那时他才记起，他显然对他的失礼而惊惶：'对不起，先生，我完全把你忘记了，可是你知道……'

"我握着他的手，感谢地紧握着。也许他已领悟我所感受到的，因为在我们走出屋子时他笑了，并用手抚着我的肩头。"

人 生 感 悟

遍地撒种不一定遍地开花，要想做好一件事，最好的办法是只专心做这一件事。生活法则无数次地告诉我们，那些具有非凡毅力、顽强意志的人，经过自己不懈的执著追求，终会换来成功的喜悦，也会赢得世人的崇敬。

刻苦让梦想变成现实

史蒂芬·斯皮尔伯格在36岁时就成为世界上最成功的制片人，电影史上10大卖座的影片中，他个人囊括4部。他怎么能在这样年轻的年纪里就有此等成就？他的故事实在耐人寻味。斯皮尔伯格在十二三岁时就断言，有一天他会成为电影导演。在他17岁那年的一天下午，当他参观完环球电影制片厂后，他的一生改变了。那可不是一次不了了之的参观活动，在他得窥全貌之后，当场他就决定要怎么做。他先偷偷地观看了一场实际电影的拍摄，再与剪辑部的经理长谈了一个小时，然后结束了参观。

对许多人而言，故事就到此为止，但斯皮尔伯格可不一样，他很有个性，他知道自己要什么。从那次参观中，他知道自己得改变做法。

于是，第二天，他穿了套西装，提起他老爸的公文包，里头塞了一个三明治，再次来到摄影现场，装作是那里的工作人员。他故意避开大门守卫，找到一辆废弃的手拖车，用一块塑胶字母，在车门上拼成"史蒂芬·斯皮尔伯格"、"导演"等字。然后他利用整个夏天去认识各位导演、编剧、剪辑，终日流连于他梦寐以求的世界里，从与别人的交谈中学习、观察，并产生出越来越多关于电影制作的灵感来。

他终于在20岁那年，成为正式的电影工作者。环球制片厂放映了一部他拍的片子，反响不错，因而与他签订了一份7年的合同，使他得以导演一部电视连续剧。正是斯皮尔伯格刻苦、努力的习惯，让他的梦终于实现了。

远离懒惰部落

　　在远古的时候，有一对朋友，相伴一起去遥远的地方寻找人生的幸福和快乐。一路上风餐露宿，在即将到达目的地时候，遇到了一条大河，而河的彼岸就是幸福和快乐的天堂。关于如何渡过这条河，两人产生了不同的意见。一个建议采伐附近的树木造一条木船渡过河去，另一个则认为无论哪种办法都不可能渡过这条河，与其自寻烦恼，不如等这条河流干了，再轻轻松松地走过去。

　　于是，建议造船的人每天砍伐树木，辛苦而积极地造船，并顺带着学习游泳；而另一个则每天躺下休息睡觉，然后到河边观察河水流干了没有。直到有一天，已经造好船的朋友准备渡河的时候，另一个朋友还在讥笑他的愚蠢。

　　不过，造船的朋友并不生气，临走前只对他的朋友说了一句话："去做每一件事不一定见得都成功，但不去做每一件事则一定没有成功的机会！要想成功，你一定要把得过且过的习惯扔得远远的。"能想到河水流干了再过河，这确实是一个"伟大"的创意，可惜的是，这却仅仅是个注定永远失败的"伟大"创意而已。

　　这条大河始终没有干，而那位造船的朋友经过一番风浪也最终到达了彼岸，而另一个人则从此在原地过着贫乏无味的生活。

人 生 感 悟

要想改变现状就要养成勇于进取、敢于拼搏的习惯。养成了这种习惯，就会在人生的路上从容洒脱地应对途中的各种障碍，在顺其自然中改变生活。

要有冠军的姿态

你生来便是一名冠军，现在无论有什么障碍和困难出现在你面前，它们都不及你在成胎时所克服的障碍和困难的十分之一那么大！让我们看看伊尔文·本·库柏的情况吧。他是美国最受尊敬的法官之一，但这个形象与库柏年轻时自卑的形象大相径庭。

库柏在密苏里州圣约瑟夫城一个贫民窟里长大。他的父亲是一个移民，以裁缝为生，收入微薄。为了家里取暖，库柏常常拿着一个煤桶，到附近的铁路去拾煤块。库柏为必须这样做而感到困窘。他常常从后街溜出溜进，以免被放学的孩子们看到。

但是，那些孩子时常看见他。特别是有一伙孩子常埋伏在库柏从铁路回家的路上，袭击他，以此取乐。他们常把他的煤渣撒遍街上，使他回家时一直流着眼泪。就这样，库柏总是生活在恐惧和自卑中。

有一件事发生了，这种事在我们打破失败的生活方式时总是会发生的。库柏因为读了一本书，内心受到了鼓舞，从而在生活中采取了积极的行动。这本书是荷拉修·阿尔杰著的《罗伯特的奋斗》。

在这本书里，库柏读到了一个像他那样的少年奋斗的故事。那个少年遭遇了巨大的不幸，但是他以勇气和道德的力量战胜了这些不幸，库柏也希望具有这种勇气和力量。

库柏读了他所能借到的每一本荷拉修的书。当他读书的时候，他就进入了主人公的角色。整个冬天他都坐在寒冷的厨房里阅读勇敢和成功的故事，不知不觉地汲取了积极的心态。在库柏读完第一本荷拉修的书之后几个月，他又到铁路去捡煤块。隔开一段距离，他看见3个人影在一个房子的后面飞奔。他最初的想法是转身就跑，但很快他记起了他所钦佩的书中主人公的勇敢精神，于是他把煤桶握得更紧，一直向前大步走去，犹如他是荷拉修书中的一个英雄。

这是一场恶战。3个男孩一起冲向库柏。库柏丢开铁桶，坚强地挥动双臂，进行抵抗，使得这3个恃强凌弱的孩子大吃一惊。库柏的右手猛击到一个孩子的嘴唇和鼻子上，左手猛击到这个孩子的胃部。这个孩子便停止打架，转身跑了，这也使库柏大吃一惊。同时，另外两个孩子正在对他进行拳打脚踢。库柏设法推开一个孩子，把另一个打倒，用膝部猛击他，而且发疯似的连击他的胃部和下颏。现在只剩下一个孩子了，他是领袖。他突然袭击库柏的头部。库柏不仅设法站稳脚跟，还把对方拖到一边。库柏与"领袖"对站着，相互凝视着，过了一会儿，领袖胆怯了，一点一点地向后退，接着便跑了。库柏拾起一块煤，投向那个退却者，以表示他的愤慨。

直到那时库柏才知道他的鼻子在流血，他的周身由于受到拳打脚踢，已变得青一块紫一块了。这是值得的啊！在库柏的一生中，这一天是一个重大的日子。那时他克服了恐惧。

库柏并不比一年前强壮了多少，攻击他的人也并不是不如以前强壮。前后不同的地方在于库柏自身的心态。他已经不顾恐惧，面对危险。他决定不再听凭那些恃强凌弱者的摆布。从现在起，他要改变他的世界了，他后来也的确是这样做的。

库柏给自己定下了一种身份。当他在街上痛打那3个恃强凌弱者的时候，他并不是作为受惊吓的、营养不良的库柏在战斗，而是作为荷拉修书中的人物罗伯特·卡佛代尔那样的大胆而勇敢的英雄在战斗。

人 生 感 悟

为自己树立一个成功的形象，有助于克服自我怀疑和自我失败的习惯，这种习惯是自卑的心态经过若干年在一种性格内逐渐形成的。

另一个同等重要的、能帮助你改变的成功技巧是，把你视为会激励你做出正确决定的某一形象。这种形象可以是一条标语、一幅图画或者任何别的对你有意义的象征。

和时间赛跑

时间正从你的生命中悄悄地流逝。在思考问题的一刹那，光线，确切地说是时间，从你的眼角、你的手指间隙里无声地滑过，而在这一刻里，你没有任何付出，当然也没有得到任何回报：你生命的一小段将被无情地抛弃。

时间对任何人来说都是公平、无私的，每人都能用自己的方式扮演自身所投入的角色，不管他的角色是多么精彩或是多么落魄，时间之手轻轻一挥，便将这些一一抹杀，留下来的只有对往事的记忆。往事是那些印证时间存在过，却不能被我们任何一个人所拥有的东西。当我们回忆往事，那字里行间闪烁的只是想象的光芒，这光芒是虚幻的、不可把握的。往事不会重来，时光不会倒流，生命只有一次。

作家林清玄写过《与时间赛跑》这样一篇文章：

读小学的时候，我的外祖母去世了。外祖母生前最疼爱我。我无法排除自己的忧伤，每天在学校的操场上一圈一圈地跑着，跑得累倒在地上，扑在草坪上痛哭。

那哀痛的日子持续了很久，爸爸妈妈也不知道如何安慰我。他们知道与其欺骗我说外祖母睡着了，还不如对我说实话：外祖母永远不会回来了。

"什么是永远不会回来了呢？"我问。

"所有时间里的事物，都永远不会回来了。你的昨天过去了，它就永远变成昨天，你再也不能回到昨天了。爸爸以前和你一样小，现在再也不能回到你这么小的童年了。有一天你会长大，你也会像外祖母一样老，有一天你度过了你的所有时间，也会像外祖母一样永远不能回来了。"爸爸说。

爸爸等于给我说了一个谜，这个谜比"一寸光阴一寸金，寸金难买寸光阴"还让我感到可怕，比"光阴似箭，日月如梭"更让我有一种说不出的滋味。

以后，我每天放学回家，在庭院里看着太阳一寸一寸地沉进了山头，就知道一天真的过完了。虽然明天还会有新的太阳，但永远不会有今天的太阳了。

我看到鸟儿飞到天空，它们飞得多快呀。明天它们再飞过同样的路线，也永远不是今天了。或许明天飞过这条路线的，不是老鸟，而是小鸟了。

时间过得飞快，使我的小心眼里不只是着急，还有悲伤。有一天我放学回家，看到太阳快落山了，就下决心说："我要比太阳更快地回家。"我狂奔回去，站在庭院里喘气的时候，看到太阳还露着半边脸，我高兴地跳起来。那一天我跑赢了太阳。以后我常做这样的游戏，有时和太阳赛跑，有时和西北风比赛，有时一个暑假的作业，我十天就做完了。那时我三年级，常把哥哥五年级的作业拿来做。每一次比赛胜过时间，我就快乐得不知道怎么形容。

后来的二十年里，我因此受益无穷。虽然我知道人永远跑不过时间，但是可以比原来跑快一步，如果加把劲，有时可以快好几步。那几步虽然很小很小，用途却很大很大。

如果将来我有什么要教给我的孩子，我会告诉他：假若你一直和时间赛跑，你就可以成功。

人生感悟

光阴似箭，时间的流逝对于任何人来说都是无情的，但又是公正无私的。养成与时间赛跑的习惯，你才不会被时间抛弃。"与时间赛跑"的意识，可以为你提供前进的动力。就好像运动员在跑道上，如果没有竞争对手，他不会有强大的动力向前跑。如果你一直和时间赛跑，你会不断取得成功。

顺应人体的生物规律

德国哲学家康德活了 80 岁，在 19 世纪初算是长寿老人了。医生对康德做了极好的评述："他的全部生活都按照最精确的天文钟做了估量、计算和比拟。他晚上 10 点上床，早上 5 点起床，几十年来他一直坚持不懈。他 7 点整外出散步，哥尼斯堡的居民都按他来对钟表。"据说康德生下来时身体虚弱，青少年时经常得病。后来他坚持有规律的生活，按时起床、就餐、锻炼、写作、午睡、喝水、大便，形成了"动力定势"，身体从弱变强。

生理学家认为，每天按时起居、作业，能使人精力充沛；每天定时进餐，届时消化液会准时分泌；每天定时大便，能防治便秘；甚至每天定时洗漱、洗澡等都可形成"动力定型"，从而使生物钟"准时"。谁若违背了这个生物钟，谁就要受到惩罚。

某著名养生专家认为：人体的一切生理活动都是起伏波动的，有高潮也有低潮。人体内有一个"预定时刻表"在支配着这些起伏波动，养生专家称之为"生物钟"。人体血压、体温、脉搏、心跳、神经的兴奋抑制，激素的分泌等 100 多种生理活动，是生物钟的指针，反映了生物钟的活动状态。人体各器官的机能是按"生物钟"来运转的，"生物钟"准点是健康的根本保证，若"错点"则是疾病、早衰、夭折的祸根。

良好的作息规律，意味着要顺应人体的生物钟，按时作息，有劳有逸；按时就餐，不暴饮暴食；适应四季，顺应自然；戒除不良嗜好，不伤人体功能；尤其要保证足够的睡眠，保证每天有一定的体育锻炼时间。

有句话说得好："从一点一滴的小事可以看见一个人未来的发展。"一个人要做点事，成就一番事业，没有好的习惯是不行的。严格遵守作息制度，可以使我们在学习时集中精力，因而可以提高效率。因此，生活有规律对学习、工作和保护神经系统以及整个身心健康都很有益处。

　　健康是人生的基础，拥有健康你才能享受生命，失去健康，再多的金钱和名誉也不能令你感到幸福。顺应人体的生物规律，培养良好的作息习惯，既有助于身心健康，又能够锻炼自己的意志，是让你终身受益的宝贵财富。

习惯之根

　　一天，一位睿智的老师与他年轻的学生一起在树林里散步。教师突然停了下来，并仔细看着身边的4株植物：第一株植物是一棵刚刚冒出土的幼苗；第二株植物已经算得上挺拔的小树苗了，它的根牢牢地盘踞到了肥沃的土壤中；第三株植物已然枝叶茂盛，差不多与年轻学生一样高大了；第四株植物是一棵巨大的橡树，年轻学生几乎看不到它的树冠。

　　老师指着第一株植物对他的年轻学生说："把它拔起来。"年轻学生用手指轻松地拔出了幼苗。

　　"现在，拔出第二株植物。"

　　年轻学生听从老师的吩咐，稍加使力，便将树苗连根拔起。

　　"好了，现在，拔出第三株植物。"

　　年轻学生先用一只手进行了尝试，然后改用双手全力以赴。最后，树木终于倒在了筋疲力尽的年轻学生的脚下。

　　"好的，"老教师接着说道，"去试一试那棵橡树吧。"

　　年轻学生抬头看了看眼前巨大的橡树，想了想自己刚才拔那棵小得多的树木时已然筋疲力尽，所以他拒绝了教师的提议，甚至没有去做任何尝试。

　　"我的孩子，"老师叹了一口气说道，"你的举动恰恰告诉你，习惯对生活的影响是多么巨大啊！"

人 生 感 悟

拿破仑·希尔说："习惯能成就一个人，也能摧毁一个人。"习惯有时会成为你成功的障碍，让你扔掉握在手里的机会——坏的习惯尤其如此。习惯是一种顽强的力量，它可以左右人的一生。如果你养成了良好的习惯，就等于事业成功了一半；反之，就离失败不远了。

趋利避害，重塑人生

一个人的行为方式、生活习惯是多年养成的。比如，与人交往的形式、与人沟通的方式、与人相处的模式，都是多年累积慢慢形成的，因此，要想有所改变也同样需要长时间的努力。

如果把一只青蛙放到80℃的热水里，青蛙就会立即跳出来；如果把一只青蛙放在冷水里，然后慢慢地把冷水加热到80℃，青蛙因为习惯水温而失去了对热水的敏感，不但不跳出去，而且被活活煮熟。

改变是不容易的，因为对一贯的做法已经很自在、很舒服，所以，人都有一种本能的抗拒改变的倾向。但是，对于阻碍成功、妨碍前进，以及对成长形成障碍的坏习惯必须改掉，所以，理智的做法就是正视改变、迎接改变、接受改变。

约翰尼·卡特早年就有一个梦想——当一名歌手。参军后，他买到了自己有生以来的第一把吉他。他开始自学弹吉他，并练习唱歌，甚至自己创作了一些歌曲。服役期满后，他开始努力工作以实现当一名歌手的夙愿，可他没能马上成功。没人请他唱歌，就连电台唱片音乐节目广播员的职位也没能得到。他只得靠挨家挨户推销各种生活用品维持生计，不过他还是坚持练歌。他组织了一个小型的歌唱小组在各个教堂、小镇上巡回演出，为歌迷们演唱。后来，他灌制的一张唱片奠定了他音乐生涯的基础。他拥有了两万名以上的歌迷、金钱、荣誉、在全国电视屏幕上露面——所有这一切都属于他了。他对自己坚信不疑，这使他获得了成功。

然而，卡特又接着经受了第二次考验。经过几年的巡回演出，他被工作拖垮了，晚上需服安眠药才能入睡，而且还要吃些"兴奋剂"来维持第二天的精神状态。他开始沾染上一些恶习——酗酒、服用催眠镇静药和刺激性药物。他的恶习日渐严重，以致对自己失去了控制力。从此，他不是出现在舞台上而是更多地出现在监狱里，到了 1967 年，他每天要吃 100 多片药片。

一天早晨，当他从佐治亚州的一所监狱刑满出狱时，一位警官对他说："约翰尼·卡特，我今天要把你的钱和麻醉药都还给你，因为你比别人更明白你能充分自由地选择自己想干的事。看，这就是你的钱和药片，你可以现在就把这些药片扔掉，否则，你就去麻醉自己，毁灭自己，你选择吧！"

卡特选择了生活。他又一次对自己的能力做了肯定，深信自己能再次成功。他回到纳什维利，并找到他的私人医生。医生不相信他，认为他很难改掉吃麻醉药的坏毛病，医生告诉他："戒毒瘾比找到上帝还难。"

卡特并没有被医生的话所吓倒，他知道"上帝"就在他心中，他决心"找到上帝"，尽管这在别人看来几乎不可能。他开始了他的第二次奋斗。他把自己锁在卧室闭门不出，一心一意就是要根绝毒瘾，为此他忍受了巨大的痛苦，经常做噩梦。后来在回忆这段往事时，他说，他总是昏昏沉沉，好像身体里有许多玻璃球在膨胀，突然一声爆响，只觉得全身布满了玻璃碎片。当时摆在他面前的，一边是麻醉药的引诱，另一边是他奋斗目标的召唤，结果他的信念占了上风。

9 个星期以后，他又恢复到吸毒前的样子了，睡觉不再做噩梦。他努力实现自己的计划。几个月后，他重返舞台，再次引吭高歌。他经过不断努力奋斗，终于又一次成为超级歌星。

人 生 感 悟

习惯能成就一个伟大的人，同样也可以毁灭一个成功的人。拒绝坏习惯的纠缠，拒绝它无休止地拖累你，用坚强的意志去战胜它，你会发现生活的天空格外晴朗。

第 五 章

人对了，世界就对了

平日里，我们满面风尘地在人世间奔波，步履匆匆，眼睛总是在看着别人的美好，因此一不小心就忘了欣赏自己和感恩生活。其实，命运是公正无私的，它给谁的都不会太多，只要你懂得正确对待生活，你就会发现生活中到处都有明媚的阳光，幸福亦如花香始终缭绕在你的左右。

扫码获取更多资源

你本来就能做到

1796 年的一天德国哥廷根大学，一个 19 岁的很有数学天赋的青年吃完晚饭，开始做导师单独布置给他的每天例行的三道数学题。

前两道题在两个小时内就顺利完成了。第三道题写在另一张小纸条上：要求只用圆规和一把没有刻度的直尺，画出一个正 17 边形。

他感到非常吃力。时间一分一秒地过去了，第三道题竟然毫无进展。这位青年绞尽脑汁，但他发现，自己学过的所有数学知识似乎对解开这道题都没有任何帮助。

困难反而激起了他的斗志："我一定要把它做出来！"他拿起圆规和直尺，一边思索一边在纸上画着，尝试着用一些超常规的思路去寻求答案。

当窗口露出曙光时，青年长舒了一口气，他终于完成了这道难题。

见到导师时，青年有些内疚和自责。他对导师说："您给我布置的第三道题，我竟然做了整整一个通宵，我辜负了您对我的栽培……"

导师接过学生的作业一看，当即惊呆了。他用颤抖的声音对青年说："这是你自己做出来的吗？"

青年有些疑惑地看着导师，回答道："是我做的。但是，我花了整整一个通宵。"

导师请他坐下，取出圆规和直尺，在书桌上铺开纸，让他当着自己的面再画一个正 17 边形。

青年很快画了一个正 17 边形。导师激动地对他说："你知不知道？你解开了一桩有 2000 多年历史的数学悬案！阿基米德没有解决，牛顿也没有解决，你竟然一个晚上就解出来了。你是一个真正的天才！"

原来，导师也一直想解开这道难题。那天，他是因为疏忽，才将写有这道题目的纸条交给了学生。

每当这位青年回忆起这一幕时，总是说："如果有人告诉我，这是一道有 2000 多年历史的数学难题，我可能永远也没有信心将它解出来。"

这位青年就是数学王子高斯。

人 生 感 悟

自信是生命中的一种重要动力。拥有坚定的自信，往往能使平凡的男男女女做出惊人的事业来，而胆怯和意志不坚定的人，即使有出众的才华也终难成就伟大的事业。

充满热情，成功就会上门

英国剑桥郡的世界第一名女性打击乐独奏家伊芙琳·格兰妮说："从一开始我就决定：一定不要让其他人的观点阻挡我成为一名音乐家的热情。"

她生长在苏格兰东北部的一个农场，从 8 岁起她就开始学习钢琴。随着年龄的增长，她对音乐的热情与日俱增。但不幸的是，她的听力却在渐渐地下降，医生们断定这是由于难以康复的神经损伤造成的，而且断定她 12 岁将彻底耳聋。可是，她对音乐的热爱却从未停止过。

她的目标是成为打击乐独奏家，虽然当时并没有这么一类音乐家。为了演奏，她学会了用不同的方法"聆听"其他人演奏的音乐。她只穿着长袜演奏，这样她就能通过她的身体和想象感觉到每个音符的震动，她几乎用她所有的感官来感受着她的整个声音世界。

她决心成为一名音乐家，而不是一名耳聋的音乐家，于是她向伦敦著名的皇家音乐学院提出了申请。

因为以前从来没有一个聋学生提出过这样的申请，所以一些老师反对接收她入学。但是她的演奏征服了所有的老师，她顺利地入了学，并在毕业时获得了学院的最高荣誉奖。

从那以后，她就致力于成为第一位专职的打击乐独奏家，并且为打击乐独奏谱写和改编了很多乐谱，因为那时几乎没有专为打击乐而谱写的乐曲。

至今，她作为独奏家已经有十几年的时间了，因为她很早就下了决心，不会仅仅由于医生诊断她完全变聋而放弃追求，因为医生的诊断并不意味着她的热情和信心不会有结果。

热情的源泉来自对生活的热爱和信赖，它可以通过各种方式表现出来，只要我们用积极和宽容的态度对待生活，由衷地欣赏、热爱并赞美我们所见到的每一个人和每一件事，我们周围的人就能体会到我们的热情。

人 生 感 悟

热情的人总是面对朝阳，远离黑暗。因而，他们不仅性格开朗而且命运中也是铺满阳光，即使是危难之时，他们也总是转危为安。因为不仅命运之神青睐他们，人们也愿意把友谊奉送给感染自己的人，热情像是真善美的使者，热情的人就像一只吉祥的鸟儿，传递给人间幸运的福音。

没有过不去的坎

小李毕业后分到了西部一座小城的某居委会。

那年冬天，小李所在的城市划出了最低生活标准线，低于此线的家庭便属贫困户，在年前可以获得一些补助。

小李与同事们背着大米与菜油等挨户走访这些人家。他们看到了露出棉絮的被褥、看到补了还漏的搪瓷脸盆，那些人家的贫困状况超出了他们的想象。可是当他们根据地址到了另一家时，当时小李以为，他们一定是走错了。

这一家窗明几净，有冰箱有洗衣机，有漂亮的窗帘和门帘，有放得很整齐的书籍……然而，他们没走错。

这家的男主人几年前病逝，欠下了很多钱。两个孩子中一个孩子有残疾。女主人一份薪水养 3 口人，还要还债，经济状况可想而知。

女主人的笑容就像她的屋子一样明朗，她说，冰箱和洗衣机都是领导淘汰下来送给她家的，用用也蛮好；孩子懂事，做完功课还帮她干家务……

这时，小李才发现，漂亮的门帘是用纸做的，那些书全是孩子每个学期用过的教科书，灶间的调味品只有油和盐两种，但油瓶和盐罐擦得很干净。最让小李惊奇且敬佩的是进门时女主人递给他的拖鞋，那鞋底是磨秃了的旧解放鞋的底，齐齐沿圈剪下，再用旧毛线织出带图案的鞋帮，穿着既好看又暖和。

他们在这一家总共停了10多分钟，比别的人家稍稍长了些。小李渐渐看出了这一家确实贫困，但他亦渐渐看出了这一家的不贫困之处，他深信他们不会贫困太久的，这是因为，他们有着一种坚韧、乐观的精神力量。

人 生 感 悟

贫穷、逆境、挫折并不可怕，可怕的是因暂时的困难而生的脆弱精神。快乐纯粹是内发的，它的产生不是由于事物，而是由于受环境拘束的个人举动所产生的观念、思想与态度。只要秉持乐观积极的态度，我们就能在任何情况下，都从容地享受幸福、快乐的人生。

肯定自己的长处

一个外乡人怀着梦想来到了巴黎，漂泊了一段时间后，身无分文的他找到父亲的朋友，期望对方能帮助自己找一份谋生的差事。

"精通数学吗？"对方问。外乡人羞涩地摇头。

"历史怎么样？"外乡人还是不好意思地摇头。

"那法律怎么样？"父亲的朋友又问。外乡人窘困地垂下头。

接下来一连串的发问，外乡人都只能摇头告诉对方——自己没有任何长处，连丝毫的优点也找不到。

"那你先把自己的联系方式写下来，我总得帮你找一份事做。"父亲的朋友最后说。

外乡人羞愧地写下自己的名字和地址，转身要走，却被父亲的朋友一把拉住了："你的名字写得很漂亮嘛，这就是你的优点啊。"

把名字写好也算一个优点？外乡人在对方眼里看到了肯定的答案。

就这样，外乡人靠着自己的一笔好字留在了父亲的朋友所开的公司里做个抄写员。

后来，他竟然发现自己的文章也写得不错。再后来，外乡人成了名震世界文坛的大作家，他就是大仲马。

人 生 感 悟

每个人身上都有别人所没有的优点，都有比别人做得好的地方，这就是属于你自己的特长。不要拿别人的长处来和自己的短处相比，这样的话会掩盖掉你身上的闪光点，压抑你向上发展的自信。要充分地肯定自己的长处，不断地肯定，不断地前进。

走自己的路，让别人说去吧

阿瑟刚当上军官时，心里很高兴。

每当行军时，阿瑟总是喜欢走在队伍的后面。

一次在行军过程中，他的敌人取笑他说："你们看，阿瑟哪儿像一个军官，倒像一个放牧的。"

阿瑟听后，便走在了队伍的中间，他的敌人又讥讽他说："你们看，阿瑟哪儿像个军官，简直是一个十足的胆小鬼，躲到队伍中间去了。"

阿瑟听后，又走到了队伍的最前面，他的敌人又嘲笑说："你们瞧，阿瑟带兵打仗还没打过一个胜仗，他就高傲地走在队伍的最前边，真不害臊！"

阿瑟听后，心想："如果什么事都得听别人的话，自己连走路都不会了。"从那以后，他想怎么走就怎么走了。

做人应有一颗平常心

一对老夫妇当初谈恋爱的时候是 1967 年元月，那时候，粮店里的米与副食店里的肉、豆腐和百货店里的肥皂、布匹，以及煤铺里的煤等生活物资均要凭票供应，普通人家的生活很清苦。男方的家在城郊的小菜园里，用现在的话来说，那里是当地的蔬菜基地。

女孩第一次"访地方"（当地将女方到男方家里去了解情况称为"访地方"）时，男方留她和媒婆吃中饭。菜很简单。只有两道：几个荷包蛋外加一碗萝卜丝。其中，那几个鸡蛋是向邻居借的，萝卜则是自己种的。

在回家的路上，媒婆说男方人穷又小气，劝漂亮的女孩不要嫁过来。女孩却说男方煮的萝卜丝很好吃，说明他很能干。

过了一段时间，当女孩一个人再次来找男孩时。男孩刚好捉了一些鲫鱼。招待女孩的菜仍然是两道，除了油煎鲫鱼外，还有一碗红烧萝卜。吃饭时，女孩称赞男孩的萝卜做得很有特色，并说自己很喜欢吃萝卜。男孩说："是吗？你下次来我请你吃另一种口味的萝卜。"

在后来的交往中，女孩品尝了男孩所制的不同口味的萝卜：清炒萝卜、清炖萝卜、油焖萝卜、糖醋萝卜、麻辣萝卜、萝卜干和酸萝卜等。

再后来，女孩就成了这些萝卜的"俘虏"，嫁给了男孩。

当有人质问老太太当时为何不嫁给那些有条件煮肉、炖鸽、杀鸡、烧鱼的男人，却嫁给只会烹饪萝卜的人时，老太太说："当时我认为，一个男人，在那种清贫的日子里竟能够把一根普通的萝卜烹饪出甜酸苦辣咸等几种不同的味道而令我大饱口福、弥久难忘，我想他同样能够将清贫的日子调理得色彩斑斓。谈婚论嫁，既要注重眼前，更要注重将来。这不，如今我和你父亲结婚已三十多年了，你看我们吵了几次架？更不像某些同龄人一样动不动就闹离婚。日子虽然过得平淡了一点，但平淡中更能见真情！"

老太太说得不错，在我们的日常生活中，越是具有平常心的人，生活越能幸福，而那些整日斤斤计较、患得患失的人反而苦恼无穷。做人应有一颗平常心。

平常心贵在平常、波澜不惊、不畏生死，于无声处听惊雷，平常心是一种超脱眼前得失的清静心、光明心。贫贱不能移，富贵不能淫，威武不能屈。安贫乐富，富亦有道。无论处于何种环境下，都能拥有平常心，那一定是个了不起的人，就如老太太所赞美的，不是个圣人，也是位贤人。只要我们努力，就能够以平常心去对待纷杂的世事和漫长的人生，至少也能够做到以平常心跨越人生的障碍。

所以，平常心看似平常，实则不平常。

人 生 感 悟

当你用一颗平常心去对待生活时，你就会发现：真情，就在你身边。平常心是颗理解、宽容、忍让的心，就是欢乐别人的欢乐，痛苦别人的痛苦，喜悦别人的喜悦。多一分理解和关爱，世界就多一分真善美。

对自己说"不要紧"

一天，一位老教授在王丽的班上说："我有句三字箴言要奉送给各位，它对你们的学习和生活都会大有帮助，而且可使人心境平和，这三个字就是'不要紧'。"

王丽领会到了那句三字箴言所蕴含的智慧，于是便在笔记本上端端正正地写下了"不要紧"三个大字。她决定不让挫折感和失望破坏自己平和的心境。

后来，她的心态遭到了考验。她爱上了英俊潇洒的李刚，王丽确信他是自己的白马王子。

可是有一天晚上，李刚却婉转地对王丽说，他只把她当作普通朋友。王丽以他为中心构想的世界当时就土崩瓦解了。那天夜里王丽在卧室里哭泣时，觉得笔记本上的"不要紧"那几个字看来很荒唐。"要紧得很，"她喃喃地说，"我爱他，没有他我就不能活。"

但第二日早上王丽醒来再看到这三个字之后，就开始分析自己的情况："到底有多要紧？李刚很要紧，自己很要紧，我们的快乐也很要紧。但自己会希望和一个不爱自己的人结婚吗？"

日子一天天过去了，王丽发现没有李刚，自己也可以生活。王丽觉得自己仍然能快乐，将来肯定会有另一个人进入自己的生活，即使没有，她也仍然能快乐。

几年后，一个更适合王丽的人真的出现了，他们步入了婚姻的殿堂，她把"不要紧"这三个字抛到九霄云外。她不再需要这三个字了，她觉得以后将永远快乐，她的生命中不会再有挫折和失望了。

然而，几年后的一天，丈夫和王丽却得到了一个坏消息：他们投资的生意赔了，他们的所有积蓄全部赔掉了。

丈夫把信念给王丽听了之后，她看到他双手捧着额头，痛苦不已。她感到一阵凄酸，心像扭作一团似的难受。王丽又想起那句三字箴言："不要紧。"她心里想："真的，这一次可真的是要紧！"

可是，就在这时候，小儿子用力敲打他的积木的声音转移了王丽的注意力。儿子看见妈妈看着他，就停止了敲击，对她笑着，那副笑容真是无价之宝。王丽把视线越过他的头望出窗外，在院子外边，王丽看到了生机盎然的花园和晴朗的天空。她觉得自己的胃顿时舒展，心情也恢复了。于是她对丈夫说："一切都会好起来的，损失的只是金钱，其实'不要紧'。"

学会赞美自己

　　每个来到这个世上的人，都是上帝赐给人类的恩宠，上帝造人时即已赋予了每个人与众不同的特质，所以每个人都会以独特的方式来与他人互动，进而感动别人。要是你不相信的话，不妨想想：有谁的基因会和你完全相同？有谁的个性会和你一毫不差？

　　由此，我们相信：你有权活在这世上，而你存在于这世上的目的，是别人无法取代的。

　　不过，有时候别人（或者是整个大环境）会怀疑我们的价值，时间一长，连我们都会对自己的重要性感到怀疑。请你千万千万不要让这类事情发生在你身上，否则你会一辈子都无法抬起头来。

　　记住！你有权利去相信自己很重要。

　　"我很重要。没有人能替代我，就像我不能替代别人一样。我很重要。"

　　也许我们的地位卑微，也许我们的身份渺小，但这丝毫不意味着我们不重要。重要并不是伟大的同义词，它是心灵对生命的允诺。人们常常从成就事业的角度，判断自己是否重要。但这并不应该成为标准，只要我们时刻努力着，为光明在奋斗着，我们就是无比重要地存在着，不可替代地存在着。

　　迪克是一个喜欢棒球的小男孩，生日时得到一副新的球棒。他激动万分地冲出屋子，大喊道："我是世界上最好的棒球手！"他把球高高地扔向天空，举棒击球，结果没中。他毫不犹豫地第二次拿起了球，挑战似的喊道："我是世界上最好的棒球手。"他站了起来，再次击球。这一次更差，连球也丢了。他望了望球棒道："嘿，你知道吗？我是世界上最伟大的击球手！"

后来，迪克果然成了棒球史上罕见的神击手。是自己的赞美给了他力量，是赞美成就了小男孩的梦想。也许有一天，我们能像迪克一样登上成功的顶峰，那时再回首今天，我们会看见通往凯旋门的大道上，除了脚印、汗水、泪水外，还有一个个驿站，那便是自己的赞美。

人 生 感 悟

学会赞美自己可以让我们更好地接纳自己。生活中人人都渴望得到赞美。赞美是一种肯定、一种褒奖。赞美就像照在人们心灵上的阳光，能够带给人们信心和力量。当然，得到别人的赞美不如自己赞美自己来得容易，既然我们需要赞美，既然赞美可以催人奋进，使人更上一层楼，那么我们就学着赞美自己吧！

哲学家的最后一课

有一位哲学家将自己的学生带到郊外的一片草地上，要在那里对他们讲最后一课。在草地上，他对学生们说："10年苦读，你们都已是饱学之士，现在学业就要结束了，我们上最后一课吧！"

弟子们围着哲学家坐了下来。哲学家问："现在我们坐在什么地方？"弟子们答："现在我们坐在旷野里。"哲学家又问："旷野里长着什么？"弟子们说："旷野里长满杂草。"

哲学家说："对，旷野里长满杂草，现在我想知道的是如何除掉这些杂草。"弟子们非常惊愕，他们都没有想到，一直在探讨人生奥妙的哲学家，最后一课问的竟是这么简单的一个问题。

一个弟子首先开口，说："老师，只要有铲子就够了。"

哲学家点点头。

另一个弟子接着说："用火烧也是很好的一种办法。"

哲学家微笑了一下，示意下一位。

第三个弟子说："撒上石灰就可以除掉所有的杂草。"

接着讲的是第四个弟子，他说："斩草要除根，只要把杂草的根挖出来就行了。"

等弟子们都讲完了，哲学家站了起来，说："课就上到这里，你们回去后，按照各自的方法除去一片杂草，没除掉的，一年后再来相聚。"

一年后，他们都来了，不过原来相聚的地方已不再是杂草丛生，它变成了一片长满谷子的庄稼地。弟子们围着谷地坐下，等待哲学家的到来，可是哲学家始终没有来。

数年后，哲学家去世，弟子们将他的言论整理成书时，私自在书的最后补了一段话："要想除掉旷野里的杂草，方法只有一种，那就是在上面种上庄稼。"

人 生 感 悟

一个人若想要心灵自由，就要抛开猜疑、仇恨等困扰心灵的情感。忘掉痛苦的最好办法就是在内心重新种下幸福与欢乐的种子，就像在杂草地种上庄稼一样。

第 六 章

每天敲敲成功的门

　　任何成功，都不是一蹴而就的，都需要采取循序渐进、持之以恒的方法。许多人做事之所以会半途而废，并不是因为困难有多大，而是因为自身的心态、方法有问题。其实，把大的目标细化到具体步骤，逐一地跨越它，成功就会变得轻松很多。

做最好的自己

一大早，格尔开着小型运货汽车来了，车后扬起一股尘土。

格尔卸下工具后就干起活来。他是一个心灵手巧的人。他会刷油漆，能干木匠活，也能干电工活，修理管道，整理花园，他会铺路，还会修理电视机等。

格尔上了年纪，走起路来步子缓慢、沉重，头发理得短短的，裤腿挽得很高，便于给别人干活。

他的顾客有几间草舍，其中有一间，格尔在夏天租用。

格尔摆弄起东西来就像雕刻家那样有权威，那种用自己的双手工作的人才有的权威。木料就是他的大理石，他的手指在上边摸来摸去，摸索什么，别人不太清楚。一位朋友认为这是他自己的问候方式，他接近木头就像骑手接近马一样，安抚它，使它平静下来。而且，他的手指能"看到"眼睛看不到的东西。

有一天，格尔在路那头为邻居们盖了一个小垃圾棚。垃圾棚被隔成三间，每间放一个垃圾桶。棚子可以从上边打开，把垃圾袋放进去，也可以从前边打开，把垃圾桶挪出来。小棚子的每个盖子都很好使，门上的合页也安得很合缝。

格尔把垃圾棚漆成绿色，晾干。一位邻居走过去看了看，他为这竟是一个人做的而不是在什么地方买的而感到惊异。邻居用手抚摩着光滑的油漆，心想，完工了。不料第二天，格尔带着一台机器又回来了。他把油漆磨光了，不时地用手摸一摸。他说，他要再涂一层油漆。尽管在别人看来这已经够好了，但这不是格尔干活的方式。经他的手做出来的东西，看上去不像是自己家做的。

在格尔的天地中，没有什么神秘的东西，因为那都是他在某个时候制作的，修理的，或者拆卸过的。保险盒、牲口棚、村舍全是出自格尔的手。

格尔的顾客们从事着复杂的商业性工作。他们发行债券，签订合同。

格尔不懂如何买卖证券，也不懂怎样办一家公司。但是当做这些事时，他们就去找格尔，或找像格尔这样的人。他们明白格尔所做的是实实在在的、很有价值的工作。

当一天结束的时候，格尔收拾工具，放进小卡车，然后把车开走了。他留下的是一股尘土，以及至少还有一个想不通的小伙伴。这个人纳闷，为什么格尔做得这样多，可得到的报酬却这样少。

然而，格尔又回来干活儿了，默默无语，独自一人，没有会议，也没有备忘录，只有自己的想法。他认为该干什么活就干什么活，自己的活自己干，也许这就是自由的一个很好的定义。是的，如果你能心无旁骛，专心致志地做好自己的事，做最好的自己，你就能在不知不觉中超越众人，跨越平庸的鸿沟，在众人中脱颖而出。

人 生 感 悟

做最好的自己，你的潜能将自然地诱发出来，成功离你便不再遥远。

沙粒向珍珠的转变

有一个自以为是全才的女郎，毕业以后屡次碰壁，一直找不到理想的工作。她觉得自己怀才不遇，对社会非常失望，因而她感到，是因为没有"伯乐"来赏识她这匹"千里马"。

痛苦绝望之下，她来到大海边，打算就此结束自己的生命。

在她正要自杀的时候，刚好有一个老妇人从这里走过，救了她。老妇人就问她为什么要走绝路，她说自己不能得到别人和社会的承认，没有人欣赏并且重用她……

老妇人听完后，从脚下的沙滩上捡起一粒沙子，让女郎看了看，然后就随便地扔在地上，对女郎说：

"请你把我刚才扔在地上的那粒沙子捡起来。"

"这根本不可能！"女郎说。

老妇人接着又从自己口袋里掏出一颗晶莹剔透的珍珠，也是随便地扔在了地上，然后对女郎说：

"你能不能把这个珍珠捡起来呢？"

"这当然可以。"

"那你就应该明白是为什么了吧？你应该知道，现在你自己还不是一颗珍珠，所以你还不能苛求别人立即承认你，如果要别人承认，那你就要由沙子变成一颗珍珠才行。"

人 生 感 悟

想要变成珍珠，就必须付出艰苦的努力，当我们不停地抱怨现实的不公时，首先问一下自己是珍珠还是沙子？努力地使自己成为珍珠，因为沙粒再多也掩盖不了珍珠的光芒。

人生需要自我激励

3只青蛙掉进鲜奶桶中。

第一只青蛙说："这是命。"

于是它盘起后腿，一动不动等待着死亡的降临。

第二只青蛙说："这桶看来太深了，凭我的跳跃能力，是不可能跳出去了。今天死定了。"

于是，它沉入桶底淹死了。

第三只青蛙打量着四周说："真是不幸！但我的后腿还有劲，我要找到垫脚的东西，跳出这可怕的桶！"

于是，这第三只青蛙一边划一边跳，慢慢地，奶在它的搅拌下变成了奶油块，在奶油块的支撑下，这只青蛙奋力一跃，终于跳出了奶桶。

正是自我激励救了第三只青蛙的命。

人生感悟

人最怕的就是胡思乱想、自我设置障碍，这不仅会让你失去理智，往往还会使你误入歧途。如果你常在心中对自己说，这样做可能不对，万一失败了怎么办。那么，你会离成功越来越远。困难其实并不可怕，只要学会激励自己，给自己以信心，那你就会离成功越来越近。

告诉自己"我可以"

成功的字典里没有"我不能"，经常告诉自己"我可以"，就会在心里形成一种积极的暗示，很多看似超越自身能力所及的事情也可以迎刃而解。利娅老师深知这个道理。

利娅是密歇根州一个小镇上的小学老师。

那天，她给学生们上了生动的一节课。她让学生们在纸上写出自己不能做到的事。

所有的学生都全神贯注地埋头在纸上写着。一个 10 岁的男孩，他在纸上写道："我无法把球踢过第二道底线"、"我不会做三位数以上的除法"、"我不知道如何让黛比喜欢我"等。他已经写完了半张纸，但却丝毫没有停下来的意思，仍旧很认真地继续写着。

每个学生都很认真地在纸上写下了一些句子，述说着他们做不到的事情。利娅老师也正忙着在纸上写着她不能做到的事情，像"我不知道如何才能让约翰的母亲来参加家长会"、"除了体罚之外，我不能耐心劝说艾伦"等。

大约过了 10 分钟，大部分学生已经写满了一整张纸，有的已经开始写第二页了。"同学们，写完一张纸就行了，不要再写了。"

等所有学生的纸都投入纸鞋盒以后，利娅老师把自己的纸也投了进去。然后，她把盒子盖上，夹在腋下，领着学生走出教室，沿着走廊向前走。

走着走着，队伍停了下来。利娅走进杂物室，找了一把铁锹。然后，她一只手拿着鞋盒，另一只手拿着铁锹，带着大家来到运动场最边远的角落里，开始挖起坑来。

学生们你一锹我一锹地轮流挖着，洞挖好后，他们把盒子放进去，然后又用泥土把盒子完全覆盖上。这样，每个人的所有"不能做到"的事情都被深深地埋在了这个"墓穴"里，埋在了1米深的泥土下面。

这时，利娅老师注视着围绕在这块小小的"墓地"周围的31个孩子，神情严肃地说："孩子们，现在请你们手拉着手，低下头来，我们准备默哀。"

"朋友们，今天我很荣幸能够邀请你们前来参加'我不能'先生的葬礼。"利娅老师庄重地念着悼词，"'我不能'先生在世的时候，曾经与我们的生命朝夕相处，您影响着、改变着我们每一个人的生活，有时甚至比任何人对我们的影响都要深刻得多。您的名字几乎每天都要出现在各种场合，比如学校、市政府、议会，甚至是白宫。当然，这对于我们来说是非常不幸的。

"现在，我们已经把您安葬在这里，并且为您立下了墓碑，刻上了墓志铭。希望您能够安息。"

"愿'我不能'先生安息吧，也祝愿我们每一个人都能够振奋精神，勇往直前！阿门！"

接下来，利娅为"我不能"做了一个纸墓碑。

利娅老师把这个纸墓碑挂在教室里。每当有学生说"我不能……"的时候，她只要指着这个象征"我不能"死亡的标志，孩子们便会想起"我不能"先生已经死了，进而去想出积极的解决方法。

人生感悟

"我不能"经常在我们的耳边响起，这是你对自己的宣判。听多了你对自己说的"我不能"，你很可能就会走进自卑的圈子，再也出不来。不要自己给自己宣判，沉浸在"我不能"的困境中，很多事情就真的无法去做。一切皆有可能，只要相信"我可以"，便会有无限可能。

时刻准备着

让自己保持在最佳状态，以便机会出现时，你可以紧紧抓住，不让它溜走。

机遇什么时候来临，谁也不知道。一个渴望成功的人，必须时刻做好准备，这样无论机会何时出现，你都能抓住它，借机成功。

一位老教授退休后，到偏远山区的学校，传授教学经验，并与当地老师进行教学研讨。由于老教授和蔼可亲，使得他所到之处皆受到老师和学生的欢迎。

有一次，当他结束在山区某学校的行程，而欲赶赴他处时，许多学生依依不舍，老教授非常感动，当下答应学生，下次再来时，只要谁能将自己的课桌椅收拾整洁，老教授将送给该名学生一个神秘礼物。

在老教授离开后，每到星期三早上，所有学生就会将自己的桌面收拾干净，因为星期三是每个月教授前来拜访的日子，只是不确定教授会在哪一个星期三来到。

其中有一个学生的想法和其他同学不一样，他一心想得到教授的礼物留作纪念，生怕教授会临时在星期三以外的日子突然带着神秘礼物来到学校，于是他每天早上，都将自己的桌椅收拾整齐。

但往往上午收拾妥当的桌面，到了下午又是一片凌乱，这个学生又担心教授会在下午来到，于是在下午又收拾了一次。可他想想又觉得不安，如果教授在一个小时后出现在教室，仍会看到他的桌面凌乱不堪，便决定每个小时收拾一次。

到最后，他想到，教授随时会到来，仍有可能看到他的桌面不整洁，终于，这名学生想清楚了，他无时无刻保持自己桌面的整洁，随时欢迎教授的来临。

老教授虽然尚未带着神秘礼物出现，但这个小学生已经得到了另一份奇特的礼物。

有许多人终其一生，都在等待一个足以令他成功的机会。而事实上，机会无所不在，重点在于：当机会出现时，你是否已经准备好了。

机遇是一位神奇的、充满灵性的但性格怪僻的天使。它对每一个人都是公平的，但绝不会无缘无故地降临。只有经过反复尝试，多方出击，才能寻觅到它。

人生感悟

机遇绝非上苍的恩赐，它是创造主体主动争来，主动创造出来的。机遇是珍贵而稀缺的，又是极易消逝的。你对它怠慢、冷落、漫不经心，它也不会向你伸出热情的手臂。主动出击的人，易俘获机遇；守株待兔的人，常与机遇无缘，这是普遍的法则。你若比一般人更显得主动、热情的话，机遇就会向你靠拢。

勇争第一

一位赛车手一赛完车，就回来向母亲报告比赛的结果。他冲进家门叫道："妈妈，有 35 辆车参加比赛，我得了第二名！"

"这值得高兴吗？要我说——你输了！"母亲回答道。

"妈妈，你不认为第一次就跑第二是很了不起的事吗？而且有这么多辆车参加比赛。"他抗议着。

"你用不着跑在任何人后面。如果别人能跑第一，你也能！"母亲严厉地说。

这句话深深刻进了儿子的脑海。

接下来的 20 年中，他称霸赛车界，成为运动史上赢得奖牌最多的赛车选手。他就是理查·派迪。

他的许多项纪录到今天还保持着，没人能打破。20 多年来，他一直没忘记母亲的教诲——你用不着跑在任何人后面！

这个道理就好比两个准备爬山的人：第一个立志要爬到山顶；第二个人说我要享受生活，爬到半山腰就好。

结果多半是立誓爬到半山腰的人愿望能实现，而第一个人的愿望有两种可能：第一，他没有达到他的目的地——山顶，但他最终所处的位置一定比第二个人高；第二，他如愿以偿地站在最高峰。无论是哪种结果，成就大的永远是立志到达山顶的那个人。

人 生 感 悟

只要是比赛，就一定有"第二名"，但只要参加比赛，就一定要争取"第一名"。你可以心平气和地接受"第二名"，但绝不能心安理得地满足"第二名"。如果这一次你因为"第二名"而欢喜，那么下一次比赛就一定不是"第二名"，而是在更远的后面。这就是"取法乎上而得乎中"的道理，这就是理查·派迪的母亲责备他的原因。

让自己变得强大

一位搏击高手参加比赛，自负地以为一定可以夺得冠军，却不料在最后的决赛中，遇到了一个实力相当的对手。双方皆竭尽全力出招攻击。搏击高手觉察到，自己竟然找不到对方招式中的破绽，而对方的攻击却往往能够突破自己的防守。最后，搏击高手没有夺到冠军。

他愤愤不平地回去找他的师父，在师父面前，一招一式地将对方和他对打的过程再次演练给师父看，并央求师父帮他找出对方招式中的破绽。

师父笑而不语，在地上画了一道线，要他在不擦掉这条线的情况下，设法让这条线变短。搏击高手苦思不解，最后还是放弃继续思考，请教师父。

师父在原先那条线的旁边，又画了一道更长的线，两者比较之下，原先的那条线看起来变得短了许多。

师父开口道："夺得冠军的重点，不在于如何攻击对方的弱点。正如地上的长短线一样，只要你自己变得更强，对方正如原先的那条线一般，也就在无形中变得较弱了。如何使自己更强，才是你需要苦练的。"

成本运算

　　一位学生刚开始学习成本会计的时候，老师曾出过一道小题目：

　　某人廉价购进一批质地优良的汗衫，去阿拉伯沙漠地区出售。问：这趟买卖大约包含哪几项成本？

　　同学们随口应答：本金、运费、房屋租赁费、食宿费等。

　　老师微笑着，似乎还在期待着什么。同学们窃窃私语，互相商讨着，又勉强列出几种成本：税金、意外损耗。

　　老师说话了："诸位谁见过阿拉伯人穿着汗衫到处跑的？那儿的太阳很毒，外出的人们基本上是一袭长袍，头上还扎着布。别以为热的地方，人们就一定得穿汗衫。"

　　同学们恍然大悟："那就滞销啦，卖不掉！"

　　老师："所以，最大的成本你们没有说，那就是无知。"

　　无知是一种成本，那么知识又是什么呢？美国某企业一台重要机器出了故障，一直查不到真正原因。最请来某著名工程师解难。一小时后，他在电机的铜线圈上画了道线，说："除去一圈铜线就行了。"试后，后果然成功！业主问工程师需要多少酬金。他说："10000美元。"业主吃惊："画道线就值10000美元吗？！"他笑道："不。画道线只值1美元；而知道在何处画，值9999美元。"从成本会计的角度看，工程师最后一句话似乎可以修改为：画一道线的成本是 1 美元；知道在何处画线的成本是 9999 美元。

人 生 感 悟

　　无知的行动有时会让人陷入失败的困境，而有备无患的行动则更容易获得成功。行动之前，不妨先仔细思考一下可行的行动方案，所谓磨刀不误砍柴工，水到自然成。

心沉气定，自有所成

　　一个屡屡失意的年轻人来到普济寺，慕名寻到老僧释圆，沮丧地对他说："人生总不如意，活着也是苟且，有什么意思呢？"

　　释圆静静地听着年轻人的感叹和絮叨，末了才吩咐小和尚说："施主远道而来，烧一壶温水送过来。"

　　不一会儿，小和尚送来了一壶温水，释圆抓了些茶叶放进杯子，然后用温水沏了，放在茶几上，微笑着请年轻人喝茶。杯子冒出微微的水汽，茶叶静静浮着。

　　年轻人不解地询问："宝刹怎么喝温茶？"

　　释圆笑而不语。

　　年轻人喝了一口，不由得摇摇头："一点茶香都没有啊。"

　　释圆说："这可是闽地名茶铁观音啊。"

　　年轻人又端起杯子品尝，然后肯定地说："真的没有一丝茶香。"

　　释圆又吩咐小和尚："再去烧一壶沸水送过来。"

　　又过了一会儿，小和尚便提着一壶冒着浓浓热气的沸水进来。释圆起身，又取过一个杯子，放茶叶，倒沸水，再放在茶几上。年轻人俯首看去，茶叶在杯子里上下沉浮，丝丝清香不绝如缕，望而生津。年轻人欲去端杯，释圆伸手挡住他，又提起水壶注入一线沸水。茶叶翻腾得更厉害了，一缕更醇厚、更醉人的茶香袅袅升腾，在禅房弥漫开来。释圆这样注了五次水，杯子终于满了，那绿绿的一杯茶水，端在手上清香扑鼻，入口沁人心脾。

释圆笑着问："施主可知道，同是铁观音，为什么茶味迥异吗？"

年轻人说："一杯用温水，一杯用沸水，冲沏的水不同。"

释圆点头:"用水不同，则茶叶的沉浮就不一样。温水沏茶，茶叶轻浮水上，怎会散发清香？沸水沏茶，反复几次，茶叶沉沉浮浮，释放出四季的风韵：既有春的幽静和夏的炽热，又有秋的丰盈和冬的清冽。世间芸芸众生，也和沏茶是同一个道理。也就相当于沏茶的水温度不够，就不可能沏出散发诱人香味的茶水一样；你自己的能力不足，要想处处得力、事事顺心自然很难。要想摆脱失意，最有效的方法就是苦练内功，切不可浮躁。"

年轻人幡然醒悟。

人 生 感 悟

浮躁已经成了整个社会的通病，做事不能踏踏实实，急于求成的心态弥漫在一些人中间。然而，就像泡茶，水温够了，时间够了，茶香自然会飘散出来。只要你沉下那颗浮躁的心，自然就能够事有所成。

第 七 章

思路决定出路，
想到才能做到

　　人生就是一连串不断思考的过程，每个人的前途与命运，完全掌握在自己的手中，只要善于思考，获取正确的思路，成功就离你不再遥远。

　　现实生活中，我们常常会看到，那些思路灵活、善于思考的人，总能比别人得到更多的成功和乐趣，而那些缺乏思考、拘泥于常规的人，虽然整天忙忙碌碌，境遇却总难以尽如人意。如此的人生差距，让我们不得不感叹，思路决定出路，思考改变人生。

眼睛所到之处，
是成功到达的地方

戴高乐说："眼睛所看到的地方，就是你会到达的地方，唯有伟大的人才能成就伟大的事。他们之所以伟大，就是因为决心要做出伟大的事。"教田径的老师会告诉你："跳远的时候，眼睛要看着远处，你才会跳得更远。"

一个人要想成就一番大的事业，必须树立远大的理想和抱负，有深远的思想和广阔的视野，按照既定的理想，始终坚持下去，到最后，他一定会获得成功。

爱诺和布诺差不多同时进入同一家超级市场工作，开始时大家都一样，从最底层干起。可不久爱诺受到总经理青睐，一再被提升，从领班直到部门经理。布诺却像被人遗忘了一般，还待在最底层。终于有一天布诺忍无可忍，向总经理提出辞呈，并痛斥总经理"狗眼看人低"，辛勤工作的人不提拔，反提升那些吹牛拍马的人。

总经理耐心地听着，他了解这个小伙子，工作肯吃苦，但似乎缺少了点什么，缺什么呢？一言两语说不清楚，看来……他忽然有了个主意。

"布诺先生，"总经理说，"你马上到集市上去，看看今天有什么卖的。"

布诺很快回来说，刚才集市上只有一个农民拉了车土豆在卖。

"一车大约有多少斤？"总经理问。

布诺又跑去，回来说有 10 袋。

"价格多少？"布诺再次跑到集市上。

总经理望着跑得气喘吁吁的他说："请休息一会儿吧，看爱诺是怎么做的。"

说完，他叫来爱诺，对他说："爱诺先生，你马上到集市上去，看看今天有什么卖的。"

爱诺很快从集市回来了，汇报说到现在为止只有一个农民在卖土豆，有 10 袋，价格适中，质量很好，他带回几个让总经理瞧一瞧。这个农民过一会儿还将弄几筐西红柿出售。据他看，价格还公道，这种价格的西红柿总经理可能会要。所以，他不仅带回了几个西红柿当样品，而且把那个农民也带来了，现在正在外面等着回话呢！

总经理看了一眼红了脸的布诺说："请他进来。"

爱诺由于比布诺多想了几步，所以在工作上取得了一定的成功。

人 生 感 悟

一个成功的人，必然是一个具有长远眼光的人。用敏锐的眼光洞察现实、预见未来的发展方向，就能使你摆脱困境，走向成功。

他山之石的妙用

100 多年前，医生们虽已经能够进行外科手术，但是死亡率却非常高。10 个手术病人中，一半以上的病人会因感染而死去，明明手术很成功，但伤口却很容易发红发肿，化脓溃烂，最后病人痛苦地死去。医生们搞不明白这是什么原因，也不知道怎么防止感染。

英国医生李斯特是一个很出色的外科医生，虽然他的外科技术很高超，但也无法防止病人手术后的感染，经常眼睁睁地看着病人死去。苦恼的李斯特一直在积极寻找着解决问题的办法，与其他外科医生不同的是，他的目光并没有仅仅局限于外科手术这一狭小的范围之内。

有一次，李斯特看到法国出版的一本生物学杂志，里面有一篇法国科学家巴斯德的探讨生命起源的论文。论文中讲到巴斯德通过大量实验证明：生命不是无中生有，是空气中的生命孢子进入的结果；有机物的腐败和发酵也是微生物进入的结果。

这篇文章表面看起来与李斯特的外科手术并没有直接关系，但李斯特却从中汲取了丰富的营养。他想：病人伤口的感染化脓，不也是一种有机物的腐败现象吗？这个看不见的微生物世界，影响着我们的生活，也肯定影响着外科手术。

依据这种思想，李斯特在手术之前严格地洗手，将手术器械严格地煮沸，在伤口上用煮沸过的纱布包扎，以防止空气中的微生物感染伤口。后来他又寻找到一种杀灭细菌的药剂。运用这些办法以后的手术，病人死亡率大大降低。就这样，李斯特从一篇表面上看来似乎毫不相关的文章中受到启发，创立了消毒外科学。

人 生 感 悟

世界是普遍联系的，知识也是如此，它们互相关联，任何学科都没有一个绝对的界限。李斯特依据巴斯德的理论成功创立消毒外科学，更充分地说明了这一点。因此，我们若能于生活、工作之中广泛猎取并不断扩大自己的知识面，说不定就可以有一些别出心裁的创新。

放飞想象的翅膀

大家都知道在衣服、鞋子上有一种一扯即开的"免扣带"，它以方便省时而大受现代人的欢迎。说到它的发明就要提到一个叫马斯楚的瑞典人的故事。

马斯楚就是"免扣带"的发明人，这个发明纯属偶然。

1948年的一天，他和朋友兴致勃勃地去登山。登上顶峰后，他们随便坐在草地上吃午餐。这时，马斯楚突然觉得臀部又痛又痒。他知道这又是鬼针草的"恶作剧"，于是坐不住了，不耐烦地把鬼针草一根一根地从裤子上摘下来，但摘不胜摘。回家后，他把残留在裤子上的鬼针草取下来，想弄清楚它为什么"粘"人，结果发现鬼针草的结构十分特殊，粘在裤子上拍不下来。马斯楚心想："如果模仿它的结构，做一种纽扣或别针，那该多好！"

一念之间，一项新发明诞生了。马斯楚先生制成了一种合上就不易分开的布，即一块布织成许多钩子，另一块布织成很多圆球，两者合起来，产生拉链的效果。他将其命名为"免扣带"，申请了专利，然后与一家织布公司合作生产。由于"免扣带"的使用范围很广，马斯楚足足赚了3亿多美元。

人 生 感 悟

如果将人生比做一条长河，那么想象就是长河中的朵朵浪花。荒诞不经的想法、大胆的猜测、标新立异的假说，这些创新思维的利剑，往往能劈开传统观念的枷锁，帮助你于混沌之中探索出路，于黑暗之中发现光明，并成就非凡的功业。

做一条反向游泳的鱼

宋神宗熙宁年间，越州（今浙江绍兴）闹蝗灾。只见蝗虫乌云般飞来，遮天蔽日。所到之处，禾苗全无，树木无叶，一片肃杀景象。当然，这年的庄稼颗粒无收。

这时，素以多智、爱民著称的清官赵汴被任命为越州知州。赵汴一到任，首先面临的是救灾问题。越州不乏大户之家，他们有积年存粮。老百姓在青黄不接时，大都过着半饥半饱的日子，而一旦遭灾，便没了大半年的口粮。灾荒之年，粮食比金银还贵重，哪家不想存粮活命？一时间，越州米价暴涨。

面对此种情景，僚属们都沉不住气了，纷纷来找赵汴，求他拿出办法来。借此机会，赵汴召集僚属们来商议救灾对策。

大家议论纷纷，但有一条是肯定的，就是依照惯例，由官府出告示，压制米价，以救百姓之急。僚属们七嘴八舌，说附近某州某县已经出告示压米价了，越洲倘若还不行动，任由米价天天涨，老百姓将不堪其苦，会起事造反的。

赵汴静听大家发言，沉吟良久，才不紧不慢地说："今次救灾，我想反其道而行之，不出告示压米价，而出告示宣布米价可自由上涨。"众僚属一听，都目瞪口呆，先是怀疑知州大人在开玩笑，而后看知州大人蛮认真的样子，又怀疑这位大人是否吃错了药，在胡言乱语。赵汴见大家不理解，笑了笑，胸有成竹地说："就这么办，起草文告吧！"

官令如山倒，大人说怎么办就怎么办。不过，大家心里都直犯嘀咕：这次救灾肯定会失败，越州将饿殍遍野，越州百姓要遭殃了！这时，附近州县都纷纷贴出告示，严禁私增米价。若有违犯者，一经查出严惩不贷。揭发检举私增米价者，官府予以奖励。而越州则贴出不限米价的告示，于是，四面八方的米商闻讯而至。开始几天，米价确实增了不少，但买米者看到米上市的太多，都观望不买。过了几天，米价开始下跌，并且一天比一天跌得快。米商们想不卖再运回去，但一则运费太贵，增加成本，二则别处又限米价，于是只好忍痛降价出售。这样，越州的米价虽然比别的州县略高点，但百姓有钱可买到米。而别的州县米价虽然压下来了，但百姓排半天队，却很难买到米。所以，这次大灾，越州饿死的人最少，受到朝廷的嘉奖。

僚属们佩服赵汴，纷纷来请教其中原因。赵汴说："市场之常性，物多则贱，物少则贵。我们这样一反常态，告示米商们可随意加价，米商们都蜂拥而来。吃米的还是那么多人，米价怎能涨上去呢？"

人 生 感 悟

思维逆转本身就是一种灵感的源泉。遇到问题，我们不妨多想一下，能否朝反方向考虑一下解决的办法。反其道而行之是人生的一种大智慧，当别人都在努力向前时，你不妨倒回去，做一条反向游泳的鱼，说不定你会看到另外一种风景。

挣脱你的"思维栅栏"

这是几年前的一件事。保尔告诉他儿子，水的表面张力能使针浮在水面上，他儿子那时才 10 岁。保尔接着提出一个问题，要求他将一根很大的针投放到水面上，但不得沉下去。保尔自己年轻时做过这个试验，所以保尔提示儿子要利用一些方法，譬如采用小钩子或者磁铁等。儿子却不假思索地说："先把水冻成冰，把针放在冰面上，再把冰慢慢化开不就行了吗？"

这个答案真是令人拍案叫绝！它是否行得通倒无关紧要，关键一点是：保尔即使绞尽脑汁冥思苦想几天，也不会想到这上面来。经验把保尔限制住了，思维僵化了，这个小伙子倒不落窠臼。

保尔设计的"轻灵信天翁"号飞机首次以人力驱动飞越英吉利海峡，并因此赢得了大奖。但在投针一事之前，他并没有真正明白他的小组何以能在这场历时18年的竞赛中获胜。要知道，其他小组无论从财力上还是从技术力量上来说，实力远比他们雄厚。但到头来，其他的进展甚微，保尔他们却独占鳌头。

投针的事情使保尔豁然醒悟：尽管每一个对手技术水平都很高，但他们的设计都是常规的。而保尔的秘密武器是：虽然缺乏机翼结构的设计经验，但保尔很熟悉悬挂式滑翔以及那些小巧玲珑的飞机模型。保尔的"轻灵信天翁"号只有70磅（约为31.75千克）重，却有90英尺（约为27.43米）宽的巨大机翼，用优质绳做绳索。他们的对手们当然也知道悬挂式滑翔，对手的失败正在于懂得的标准技术太多了。

人生感悟

人永远都不能满足于现状，你只有不断突破创新，才能创造更好的生活，才能享受更大的幸福。

用智慧获取成功

李嘉诚是中国香港20世纪70年代崛起的房地产商，他把整个港九的每一块土地、房屋都丈量过了，把每个上市公司的股市行情都分析透了，加之他特有的社交能力，获得了许多公司的绝密情报。

功夫不负有心人，他终于掌握到一项重要的绝密信息：英国在中国香港最大的英资怡和洋行，虽然是九龙仓有限公司的大股东，但实际上它占有的股份还不到 20%，简直少得不成比例。这说明怡和九龙的基础薄弱。尖沙咀早已成为繁华商业区，其旁边的大量九龙名贵地实际地价已寸土千金；而股票价格却多年未动，几乎低得不成样子。这些都是争夺九龙的有利条件。如果大量购入九龙股票，即使股票价上涨 5 倍，也不会超过每股所代表的地价，只要购买 20% 的股票即可与怡和公开竞购。持股的百姓，在相同的出价下，当然更愿意卖给中国人。因此，李嘉诚有把握购买 50% 的股票，取代怡和成为大股东，这样就有权运用九龙的名贵土地发展房地产，堪称一本万利。

李嘉诚得到这一消息后，当即分散吸进九龙股票。从 1978 年起悄悄地分散户名，吸进 18% 的股份。

由于李嘉诚的大量吸进股票，使每股 10 港元飞速上涨到 30 余港元，引起怡和洋行警觉。李嘉诚的偷袭战必将转入阵地战。

两军对垒，李嘉诚的实力大大弱于怡和洋行，硬拼之下实难取胜。在此时，李嘉诚若继续入股，怡和洋行必然会高价回收九龙股票，它财大气粗，李嘉诚必败无疑。这真是"行一百半九十"，李嘉诚处于进退维谷之地。

李嘉诚不愧为一流商家，他决定以退为进，化险为夷，采用"金蝉脱壳"之计。此计是寻找一个能代替自己向怡和洋行继续作战的人，将全部股票高价卖给他。

1978 年 8 月的一天，在中环文华酒店的高级隔间里，两个身穿中式套装的商人，进行了一次短暂而又神秘的会晤。时间虽然只有 20 分钟，却成了价值 20 亿美元的九龙脱离英资怡和洋行的关键性交易。

这两个人，一个是地产商李嘉诚，另一个就是船王包玉刚。2000 万股票全部转卖给包玉刚，包玉刚将帮助李嘉诚从汇丰银行中承购英资和记黄埔股票 9000 万股。两人皆大欢喜，击掌定计。

为什么是皆大欢喜呢？

李嘉诚知难而退，退中获利，既卖得人情又富了自己，岂不英明！包玉刚则借李的情报、信息和卓越的判断，将实现长日的凤愿。仅此一个妙计，出千金巨资都买不到，何况李嘉诚已为他打好了赢得价值几十亿美元的九龙主权之基础！包玉刚自知确有实力，心中有数，此妙计正用得上，而且不费吹灰之力便一举获得18%的九龙股票，开盘就有与怡和相等的实力，包玉刚怎能不高兴。

李嘉诚退中获利的另一招是另辟一必胜战场。当时在港的头号英资是怡和洋行，但想盘夺和记洋行很有可能。包玉刚将手头9000万股黄埔股份公司的股票悄悄转手卖给了李，从而使李嘉诚如虎添翼，转身便战胜了和记洋行，真是妙不可言。

人 生 感 悟

人生最大的宝库不在别处，就在你自己的身上。成功的人都是那些善于挖掘自身潜力的人，而那些失败的人，则往往是一些喜欢四处寻宝的人。

从身边寻找灵感

悉尼歌剧院位于澳大利亚的港湾，是20世纪世界建筑史上的奇迹，它的设计者是当时不到40岁的丹麦建筑设计师耶尔恩·乌特松。

当征集悉尼歌剧院方案的时候，耶尔恩·乌特松也得到了这个消息，他决定参加这个大赛。他从资料里，从人们的回忆里，甚至从人们的想象里寻找悉尼。他不但寻找悉尼的地理环境、风光，还包括人们对它的感觉、赞美和对它未来的猜想。然后他日思夜想，废寝忘食地埋头于他的方案中。他研究了世界各地歌剧院的建造风格，尽管它们或气势宏伟，或华美壮丽，但他都没有从那里获得一点灵感。

这是在南半球一个十分美丽的港湾都市海边建造的歌剧院，必须摈弃一切旧的模式，具有崭新的思维。

早上，晚上，他沉浸在设计里；一日三餐，是饱，是饥，他浑然不觉。

一天一天过去，截稿日期渐近，却仍无头绪。有一天，妻子见苦苦思索的他又没有及时进餐，就随手递给他一个橘子。沉浸在思索中的他，随手接过橘子，神情却依旧漠然。他一边思考方案，一边漫无目的地用小刀在橘子上划来划去。橘子被他的小刀横的竖的划了一道又一道。无意中，橘子被切开了。当他回过神来，看着那一瓣一瓣的橘子，一道灵感的闪电划过脑海的上空。

"啊，方案有了！"

他迅疾设计好草图，寄往新南威尔士州，于是，20世纪世界上最伟大的建筑之一——悉尼歌剧院诞生了。

如今，在悉尼——这个世界第一美港的贝尼朗岬角上，三面临海的歌剧院，如扬帆出海的船队，又像一枚枚巨大的白色贝壳矗立海滩。船队可以想象成壮士出海，贝壳又可以想象成仙人所遗留……日中，它是白色的，日暮，它是橘红色的。不管它怎样变幻着色彩，都与周围景色浑然一体。因了它，悉尼，被赋予想象：海波是舒缓的，白帆是饱满的，贝壳是静态的……浑然天成，一种奇妙的组合。在人们心目中，悉尼歌剧院，已经成为一种海的象征，艺术的象征，人类精神的象征。

人 生 感 悟

如果你始终想在那些遥远的事物中寻找创新的思路，可能总会被牵绊。很多时候，能让你的思维走到新奇境地的，恰恰是那些身边最常见的东西。善于从身边的事物中寻找突破口，是人们培养创新能力的一种有效途径。

运用之妙，存乎一心

在印尼的巴厘岛海湾里，有一条荒弃了的栈道，这条从岸边延伸至海里的栈道，原来是渔民登大船用的。被荒弃后，土著人巴拉克便把它当作了钓鱼台。每天，巴拉克都蹲在栈道的尽头上"钓"章鱼。

章鱼有个习惯，每到生殖季节，总喜欢往空螺壳里钻，并在里头下卵。章鱼有八根足爪，每根爪都有上百个吸附性很强的小吸盘，能牢牢地攫住空壳。巴拉克抓住章鱼这一习性，把一只只系着索线的破坛烂罐放入海里，总能"钓"到不少章鱼。为此，巴拉克心中窃喜："看来，这样的主意也只有我想得出。"

一天，一位衣着整齐的陌生人登上栈道。他向巴拉克租赁了一只小船，在海湾里转悠了一圈后，又回到了栈道上，默默地观看巴拉克"钓"鱼。看了一会儿，他问："你这章鱼卖吗？"

巴拉克说："卖，卖呀！"

陌生人又问："多少钱一只呢？"

巴拉克说："1美元1只！"

陌生人说："好！你钓上来多少，我就买多少！"

陌生人把从巴拉克手上买过来的章鱼，系上钓线后，又重新放回大海中……

巴拉克和陌生人，一个占据栈道的左边，一个占据栈道的右边，巴拉克往海里放破罐子，陌生人往海里放章鱼。巴拉克时不时拉回破罐子，"钓"到不少章鱼；陌生人时不时拉回章鱼，"钓"回了不少破坛烂罐。

此后，每天他们都如期来到这里，不厌其烦地重复着前一天做过的事。就这样，日子一天天过去了。也不知过了多少天……终于有一天，陌生人"钓"上了一只沾满淤泥的瓷器。陌生人用衣袖抹了抹泥污，看了看后，便急匆匆地离去了。

一个月后，一支庞大的专业打捞船队，开进了巴厘岛海湾，为首的正是那个神秘的陌生人。

原来，他就是闻名遐迩的古董商迪默先生。

迪默指挥打捞队，以章鱼"钓"上的瓷器地点为轴心，地毯似的搜索、打捞海底沉物，收获巨大。

此次打捞行动，迪默共获得价值1亿美元的珍宝。

迪默早已听说巴厘岛海湾海底有古物沉船，但不敢贸然轻信，正打算投资 2000 万美元先期勘探，看是否属实。没想到小小的章鱼竟帮了一个大忙。

巴拉克知道实情后，逢人便说："章鱼的习性，是我发现的，这样的'钓'法，还是我发明的呢！"

但别人都讥笑他说："主意是你想出来的，但你'钓'上的只是 1 美元，而人家'钓'上来的，是 1 亿美元呀！"

巴拉克叹道："咳！谁叫我不是商人呢？"

人 生 感 悟

一个人用破坛烂罐"钓" 1 美元 1 条的章鱼，一个人用 1 美元 1 条的章鱼"钓"破坛烂罐，最终"钓"到了珍贵的古瓷器。

同样的事物，在不同的人眼里，看出的是不同的价值。一样的方法，得到的却是不同的结果，关键在于运用的智慧。

敢有特别的想法

在年轻的埃罗·阿尼奥的未婚妻的家乡，人们擅长编织藤篮，他在 1954 年去那里时学会了这项工艺。编出的第一只篮子让他十分惊喜，他没有把它按通常方式摆放，而是把篮子底朝上倒扣在地上，从而发现倒过来的篮子是很好的座椅。

1961 年，"蘑菇"藤编凳系列问世。

1962 年，阿尼奥把藤编凳的款式演变为叫作"象靴"的藤椅。那是阿尼奥的成名之作。从此，他与椅子结下了不解之缘。

20 世纪 60 年代正是人类雄心勃勃地探索宇宙和征服太空的年代。在实现太空旅行的过程中，一种叫"玻璃钢"的可塑材料问世了。阿尼奥把人类对空间探险的兴趣引入家居时尚领域，"球椅"在 1963 年诞生。它就像一个人的太空舱，里面装备有立体声的扬声器，坐在里面可以独享其乐。

球椅的成功，引发阿尼奥设计了一整套塑料家具系列：1967 年的香皂椅，

1968 年的气泡椅，还有 1971 年的西红柿椅。

香皂椅的外形就像一块被大拇指按过的糖果，而且还使用了糖果一样明快鲜艳的色彩。它是摇椅的现代变体，也是对摇椅的全新阐释。一次偶然的机会，阿尼奥发现香皂椅可以在水面上漂浮。夏天坐在漂浮在水面上的香皂椅上是一件惬意的事情；冬天，可以坐着香皂椅从小雪山上高速滑下来。

气泡椅的出现几乎超出了所有人对椅子的想象，这种座椅的外观就像它的名字所暗示的一样。坐在悬挂着的透明球壳里，人体像变魔术般地悬浮在空气中。

1973 年，阿尼奥的兴趣转向用聚亚氨酯泡沫制作的更具造型特征的动物座椅中。那一年他设计了模仿小马的小马椅，尤其受到儿童的喜爱。数年后他还有另一个类似的设计，模仿的是小鸡。

1998 年，阿尼奥受到国际一级方程式赛车比赛的启发，设计了方程式椅。

花样不断翻新的椅子，就这样被"想出来"了。

人 生 感 悟

只有看到别人看不见的事物，才能做到别人做不到的事情。因此，我们要勤于思考，善于发现，于平凡生活中发现别人所不能发现的东西，并敢于提出自己特别的想法，这样我们才能于平淡无奇之中脱颖而出。

"灵机一动"的收获

一个年轻人乘火车旅行，火车在一片荒无人烟的原野前进，车上的乘客个个百无聊赖，疲惫不堪。

前面有一个拐弯处，火车减速，一座简陋的平房缓缓地进入了人们的视野。也就在这时，几乎所有乘客都睁大眼睛"欣赏"起寂寞旅途中这道特别的风景。有的乘客开始议论起这房子来。

年轻人的心为之一动。返回时，他中途下了车，不辞劳苦地找到了那座房子的主人。

主人告诉他，每天火车都要从门前驶过，噪音实在使他受不了，很想以低价卖掉房屋，但很多年来一直无人问津。

于是，年轻人用3万元买下了那座平房，他觉得这座房子正好处在拐弯处，火车经过这里时都会减速，疲惫的乘客一看到这座房子就会精神一振，用来做广告是再好不过的了。

年轻人开始找一些公司推荐这座房子的"广告墙"。一家全球著名的饮料公司看中了这座房子，每年支付给年轻人6万元租金。

人 生 感 悟

一个人若能养成喜欢创新、遇事多琢磨的好习惯，或许他将会有意想不到的收获。

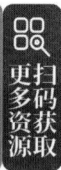

第 八 章

责任胜于能力，态度决定高度

责任是一种与生俱来的使命，它伴随着每一个生命的始终。从我们来到人世间到我们离开这个世界，我们每时每刻都要履行自己的责任。

责任能够让一个人具有最佳的精神状态，积极投入生活与工作，并将自己的潜能发挥到极致。有责任心的人，也必定是敬业、热忱、自主自发的人。在责任的驱使下，我们常常油然而生一种崇高的归属感和使命感。当我们把人生当成一项伟大的事业，用全部热情去实践的时候，生命往往更容易激发出绚丽的色彩，成功也变得触手可及。

责任提升价值

张强很不满意自己的工作，他愤愤不平地对朋友说："我在公司里的工资是最低的。并且，老板也不把我放在眼里，如果再这样下去，我就辞职不干了。"

"你对公司的业务流程熟悉吗？对于他们所做的电子商务的窍门完全弄清了吗？"他的朋友问他。

"没有，我懒得去钻研那些东西。"张强漫不经心地回答他的朋友。

"我建议你先静下心来，抱着积极的态度，认认真真地对待自己的工作，好好地把他们的业务技巧、商业秘诀、客户特点完全搞通，甚至如何签订合同都弄懂了之后，再做决定，这样，你可能会有许多收获。"

张强听从了朋友的建议，一改往日散漫的习惯，开始积极地投入到工作之中。还常常下班后，在办公室里研究商业文书的写法。

半年后，他和那位朋友又聚到了一起。

"你现在大概都学会了，是不是准备不干了？"那位朋友问他。

"可是，这几个月来，老板对我刮目相看。最近，更是对我委以重任，又升职，又加薪，我都成了公司里的红人了。所以，我想留下来继续发展，不打算跳槽了。"张强乐呵呵地对他的朋友说。

"这种情况，我早就料到了。"他的朋友也笑着说，"当初你的老板不重视你，是因为你在工作中自由散漫，敷衍了事，又不努力学习，觉得不会有什么作为。现在，你工作态度这么积极，负责的任务多了，能力也强了，当然会令他刮目相看了。"

人生感悟

成功的力量就潜藏在我们自己的身体内，寻求外界的帮助是徒劳无益的。奥芝法则告诉我们一个真实的道理，那就是：在充满挫折的人生道路上，勇于负责，面对现实，凝聚力量，这样，我们的未来才会更加灿烂光明。

主动负责，勇于承担

李艳在一家大公司办公室从事打字复印工作。在一天的中午休息时间，同事们出去吃饭了，她还在工作。这时，一个姓张的董事经过他们部门时停了下来，想找一些资料。这并不是李艳分内的工作，但是她依然回答道："对这些资料我不太清楚，但是，张董，让我来帮助您处理这件事情吧！我会尽快找到这些资料并将它们送到您的办公室。"当她将董事所需要的资料放在他面前时，董事显得格外高兴。

故事到这里并没有结束。两个月后她被调到了一个更重要的部门工作，并且薪水提高了 30%。那么是谁推荐的她呢？不用说也知道，就是那位姓张的董事。在一次公司会议上，有一个重要职位的工作空缺，他推荐了她。

人 生 感 悟

主动要求承担更多的责任或自动承担责任是成功者必备的素质。有些情况下，即使你没有被正式告知要对某件事负责，你也应该努力做好它。如果你能表现出胜任某种工作，那么职位和高薪就会接踵而至。

秉持敬业的精神

小芳是一家公司新来的秘书，她每天的工作就是整理、撰写、打印各类文件材料。在很多人看来，小芳的工作显得单调而乏味。但小芳并不这么认为，她觉得自己的工作很有意思，她说："检验工作的唯一标准就是你做得好不好，是否尽职尽责，而不是别的。"

小芳每天做着这些琐碎的工作，时间一长，细心的她发现公司的文件存在很多的问题，甚至公司在经营运作上也有不可忽视的问题。

于是，每天她除了完成本职的工作外，还认真搜集一些资料，包括那些过去的材料。她把搜集到的资料整理分类，还查阅了很多经营方面的书籍并进行认真分析，写出建议。

后来，她把做好的分析结果、建议及有关资料一并交给老板。老板起初也没在意。一次偶然的机会，他才读到小芳的那份建议。这一看让老板大吃一惊：这个年轻的新秘书，居然有这样缜密的头脑，而且分析得细致入微，有理有据。老板决定采纳小芳所提的多条建议。从此，老板开始对小芳另眼相看，并逐渐委以重任。

人 生 感 悟

一个人在追求成功的过程中，不可避免地会遇到各种各样的困难。而要战胜困难，就必须要有敬业精神。敬业精神是强者之所以成为强者的一个重要方面，也是由弱者到强者应该具备的职业素质。如果你在工作上敬业，并且把敬业变成一种习惯，你会一辈子从中受益。

放弃责任就等于放弃机会

尼克和塞尔是快递公司的两名速递员，他们俩是工作搭档，工作一直很认真，也很尽心尽力。老板对这两名员工很满意，然而后来发生的一件事却改变了两个人的命运。

一次，尼克和塞尔负责把一件很贵重的花瓶送到码头，老板一再叮嘱他们路上要小心。没想到送货车开到半路却抛锚了。如果不按规定时间送到，他们要被扣掉半个月的奖金。

于是，塞尔和尼克背起邮包，他们一路小跑，终于在规定的时间赶到了码头。这时，塞尔说："我来背吧，你去叫货主。"他心里暗想："如果客户看到我背着邮件，把这件事告诉老板，说不定老板会给我加薪呢。"他只顾打着自己的小算盘，当尼克把邮包递给他的时候，他一下没接住，邮包掉在地上，"哗啦"一声，花瓶碎了。

"你怎么搞的，我没接你就放手。"塞尔大喊。

"你明明伸出手了，我递给你，是你没接住。"尼克辩解道。

他们都知道花瓶打碎了意味着什么，没了工作不说，可能还要加倍赔偿，自己会因此背上沉重的债务。果然，老板对他俩进行了十分严厉的批评。

"老板，不是我的错，是尼克不小心摔碎的。"塞尔趁着尼克不注意，偷偷来到老板办公室对老板说。

老板平静地说："谢谢你，塞尔，我知道了。"

老板把尼克叫到了办公室。

尼克把事情的经过告诉了老板，最后说："这件事是我们的错，我愿意承担责任。另外，塞尔的家境不太好，他的责任我愿意承担。我一定会弥补我们所造成的损失。"

尼克和塞尔一直等待着处理的结果。第二天，老板把他们叫到了办公室，对他们说："公司一直对你俩很器重，想从你们两个当中选择一个人担任客户部经理，没想到出了这样一件事，不过也好，这会让我们更清楚哪一个是合适的人选。我们决定请尼克担任公司的客户部经理。因为，一个能勇于承担责任的人是值得信任的。塞尔，从明天开始你就不用来上班了。"

"老板，为什么？"塞尔不解地问。

"其实，花瓶的主人已经看到了你们俩在递接花瓶时的动作，他跟我说了他看见的情况。还有，我看见了问题出现后你们两个人的反应。"老板最后说。

人 生 感 悟

社会学家戴维斯说："放弃了自己对社会的责任，就意味着放弃了自身在这个社会中更好的生存机会。"

放弃自己应当承担的责任，或者蔑视自身的责任，这就等于在可以自由通行的路上自设路障，摔跤绊倒的也只能是自己。

为自己的行为埋单

在南太平洋番地考斯特岛上，有一种古老的仪式：人们需要以高空弹跳以取悦神灵来确保山芋丰收。

弹跳者仔细挑选地点，他们用树枝及树干来搭盖高塔，然后用藤蔓把整个跳台捆束妥当。每个弹跳者要为工程负责，如果有任何差错，没有任何人会替他负责，当然也没有人能抢去弹跳成功者的功劳。

弹跳者要选择自己使用的跳藤，寻找恰到好处的长度，让自己在以头朝下脚朝上的姿态坠落时，头发刚好擦到地面。如果跳藤太长，就会有一次致命的坠落；太短则会把弹跳者弹回平台，这样可能会对他今年的收成有不利的影响。

在弹跳的当天，弹跳者爬上20～30米高的跳塔，绑上他所挑选的藤条，踏上平台，来到高塔最狭窄的一端，然后纵身跃下。

弹跳者可以在最后一刻改变主意，放弃弹跳，这样也不会被认为是件耻辱的事。但大部分人都不放弃弹跳，并愿意100%为自己的行为负责。

人生感悟

我们应该为自己的言行负责，永远不能指望别人来为我们埋单，这是对生命、对自己最大的尊重。责任感是我们每个人心中的闪亮之剑，有了这柄"尚方宝剑"就能一路披荆斩棘，无往不胜。

责任创造机遇

乔治到一家钢铁公司工作还不到一个月，就发现很多炼铁的矿石并没有得到充分的冶炼，一些矿渣中还残留没有被冶炼好的矿石。如果这样下去的话，公司会遭受到很大的损失。

于是，他找到了负责这项工作的工人，跟他说明了问题。这位工人说：

"如果技术有了问题，工程师一定会跟我说，现在还没有哪一位工程师向我提出这个问题，说明现在没有问题。"

乔治又找到了负责技术的工程师，对工程师说明了他看到的问题。工程师很自信地说："我们的技术是世界上一流的，怎么可能会有这样的问题？"工程师并没有把他说的看成是一个很大的问题，还暗自认为，一个刚刚毕业的大学生，能明白多少，不过是因为想博得别人的好感而故意表现自己罢了。

但是乔治认为这是个很大的问题，于是他拿着没有冶炼好的矿石找到了公司负责技术的总工程师，他说："先生，我认为这是一块没有冶炼好的矿石，您认为呢？"

总工程师看了一眼，说："没错，年轻人，你说得对。哪里来的矿石？"

乔治说："是我们公司的。"

"怎么会？我们公司的技术是一流的，怎么可能会有这样的问题？"总工程师很诧异。

"工程师也这么说，但事实确实如此。"乔治坚持道。

"看来是出问题了，怎么没有人向我反映？"总工程师有些发火了。

总工程师召集负责技术的工程师来到车间，果然发现了一些冶炼并不充分的矿石。经过检查发现，原来是监测机器的某个零件出现了问题，才导致了冶炼的不充分。

公司的总经理知道了这件事之后，不但奖励了乔治，而且还晋升乔治为负责技术监督的工程师。总经理不无感慨地说："我们公司并不缺少工程师，但缺少的是负责任的工程师。这么多工程师就没有一个人发现问题，而且有人提出了问题，他们还不以为然。对于一个企业来讲，人才是重要的，但是更重要的是有责任感的人才。"

人 生 感 悟

尽职尽责的最大受益者是你自己。因为对事业高度的责任感和忠诚感一旦养成之后，会让你成为一个值得信赖的人，一个可以被委以重任的人，这种人势必比别人拥有更多的机遇。

责任战胜恐惧

有一个由业余登山爱好者组成的登山队，他们要对世界第一峰——珠穆朗玛峰发起进攻。虽然人类攀登珠峰已经不止一次了，但这是他们第一次攀登世界最高峰。队员们既激动又信心十足，他们有决心征服珠穆朗玛峰。

经过考察后，他们选择自己状态很好、天气也很好的一天出发了。攀登一直很顺利，队员们彼此互相照应，没有出现什么问题，高原缺氧的情况也基本能够适应，在预定时间，他们到达了1号营地。大家都很高兴，因为有了一个良好的开始，就等于成功了一半。

第二天，天气突然发生了变化，风很大，还有雪。登山队长征求大家的意见，要不要回去，因为要确保大家的生命安全。生命只有一次，登山却还有机会。但是大家都建议继续攀登，登山本来就是对生命极限的一种挑战。

于是，登山队继续向上攀登。尽管环境很恶劣，但是队员征服珠穆朗玛峰的信心十足，大家小心翼翼地向上攀登。"队长，你看！"一个队员大喊，大家循声望去，在离他们很远的地方发生了雪崩。虽然很远，但雪崩的巨大冲击力波及登山队，一名队员突然滑向另一边的山崖，还好，在快落下山崖的那一刻，他的冰锥紧紧地插进了雪层里，他没有滑落下去，但他随时有可能被雪崩的冲击力推下去。

情况十分危险，如果其他队员来营救山崖边的队员，有可能雪崩的冲击力会将别的队员冲下山崖。如果不救，这名队员将在生死边缘徘徊。

队长说："还是我来吧，我有经验，你们帮我。大家把冰锥都死死地插进雪层里，然后用绳子绑住我。"

"这很危险，队长。"队员们说。

"已经没有犹豫的时间了，快！"队长下了死命令。大家迅速动起手来，队长系着绳子滑向悬崖边，他死命地拉住了抱住冰锥的队员，其他队员使劲把他俩往上拉。就在下一轮雪崩冲击到来之前，队长救出了这名队员。

全队沸腾了，经过了生死的考验，大家变得更坚强了。

最终，登山队征服了珠峰。站在山峰上，他们把队旗插在山峰的那一刻，也把他们的荣誉和责任留在了世界上最纯净的地方。

后来，队长说："当时我也非常恐惧，随时可能尸骨无还，但我知道，我有责任去救他，我必须这么做。责任的力量太大了，它战胜了死亡和恐惧，真的。"

人 生 感 悟

一些人常常在最艰难的时候，变得异常勇敢。当他们走出困境的时候，他们对自己的勇敢有时会表示难以置信，觉得他们原本并不是那么勇敢的。其实，就是责任让他们变得勇敢起来的。唯有责任，才会让一个人超越自身的懦弱，真正勇敢起来。

责任感激发生命潜能

在火车上，忽然一位孕妇要临产了，列车员紧急广播通知，寻找妇产科医生。这时，一位妇女站出来，说她是妇产科的。女列车长赶紧将她带进用床单隔开的病房。毛巾、热水、剪刀、钳子什么都到位了，只等最关键时刻的到来。产妇由于难产而非常痛苦地尖叫着。那位妇产科的女子非常着急，将列车长拉到产房外，说明产妇的紧急情况，并告诉列车长她其实只是妇产科的护士，而且由于一次医疗事故已被医院开除。今天这个产妇情况不好，人命关天，她自知没有能力处理，建议立即送往医院抢救。

列车行驶在京广线上，距最近的一站还要行驶一个多小时。列车长郑重地对她说："你虽然只是护士，但在这趟列车上，你就是医生，你就是专家，我们相信你。"

列车长的话感染了护士，她准备了一下走进产房前又问："如果万不得已，是保小孩还是大人？"

"我们相信你。"

护士明白了，她坚定地走进临时产房。列车长轻轻地安慰产妇，说现在正由一名专家在给她做手术，请产妇安静下来好好配合。

出乎意料的是，那名护士顺利地完成了她有生以来最为成功的手术，婴儿的啼哭声宣告了母子平安。

那对母子是幸福的，因为遇到了热心人；但那位护士更是幸福的，她不仅挽救了两个生命，而且找回了自己的信心与尊严。因为责任，因为信任，她由一个不合格的护士成为一名最优秀的医生。

人 生 感 悟

成功的力量就潜藏在我们自己的身体内，寻求外界的帮助是徒劳无益的。在充满挫折的人生道路上，勇于负责，面对现实，凝聚力量，这样，我们的未来才会更加灿烂光明。

责任与借口

很多年前，英格兰有个国王叫阿尔福雷德，他是一个精明而又有正义感的人，是英国历史上最了不起的国王之一。

阿尔福雷德统治时期的英格兰形势复杂，国家受到丹麦人的凶猛入侵。丹麦入侵者如潮涌来，他们个个剽悍勇猛，很长时间几乎百战百胜。如果他们继续这样下去，将会征服整个英格兰。

最终，经过数次战役，阿尔福雷德国王的英格兰军队溃不成军。每个人，包括阿尔福雷德，都只能各自逃生。阿尔福雷德乔装打扮成一个牧羊人，只身逃走。

经过几天漫无目的的游荡，他来到一个伐木工人的小屋。饥寒交迫的他敲开房门，乞求伐木工的妻子给他点儿吃的东西并借宿一晚。

女主人同情地看着这位衣衫褴褛的男人，她不知道他是谁。"请进，"她说，"你给我看着炉子上的蛋糕，我会供你晚餐的。我现在出去挤牛奶，你好好看着，等我回来，可别让蛋糕糊了。"

阿尔福雷德礼貌地道了谢，坐在火炉旁边。他努力把精力集中到蛋糕上，可是不一会儿他的烦心事就充满了脑子。怎样重整军队？重整旗鼓后又怎样去迎战丹麦人？他越想越觉得前途渺茫，开始认为继续战斗也将无济于事。阿尔福雷德只顾想自己的问题，他忘了自己是在伐木工的屋子里，忘了饥饿，忘了炉上的蛋糕。

过了一会儿，女主人回来了，她发现小屋里烟熏火燎，蛋糕已经烤成焦炭。阿尔福雷德坐在炉边，目光盯着炉火，他根本就没注意到蛋糕已经烤焦。

"你这个懒鬼，窝囊废！"女主人叫道，"看看你干的好事。你想吃东西，可你袖手旁观！好了，现在谁也别想吃晚餐了！"阿尔福雷德只是羞愧地低着头。

这时，伐木工回来了。他一进家门就注意到这个坐在炉边的陌生人。"住嘴！"他告诉妻子，"你知道你在责骂谁吗？他就是我们伟大的国王阿尔福雷德。"

女主人惊呆了，她急忙跑到国王面前跪下，请国王原谅她刚才的无礼。

但是国王请女人站了起来。"你责怪我是应该的，"他说，"我答应你看着蛋糕，可蛋糕还是烤煳了，我该受惩罚。任何人做事，无论大小都应该认真负责。这次我没做好，但此类事情不会再有了，我的职责是做好国王。"

没过多久，阿尔福雷德国王就重整自己的军队，并把丹麦人赶出了英格兰。

责任使弱者变强，让强者更强。没有风浪，就没有帆的本色。促使人成功的最大向导，就是从自己的错误中汲取教训并承担责任。

1920年，有个11岁的美国男孩踢足球时，不小心打碎了邻居家的玻璃，邻居向他索赔12.5美元。在当时，12.5美元是个不小的数目，足足可以买125只生蛋的母鸡！

闯了大祸的男孩向父亲承认了错误，父亲让他对自己的过失负责。

男孩为难地说："我哪有那么多钱赔人家？"

父亲拿出12.5美元说："这钱可以借给你，但一年后要还我。"

从此，男孩开始了艰苦的打工生活，经过半年的努力终于挣够了 12.5 美元这一"天文数字"，还给了父亲。

这个男孩就是日后成为美国总统的罗纳德·里根，他在回忆这件事时说："通过自己的劳动来承担过失，使我懂得了什么叫责任。"

犯了过失就要通过自己的行动去弥补，承担过失带来的后果，这是一个人最根本的做人准则。为自己的行为承担责任，不找借口，也是人成熟起来的标志。

美国职业篮球协会(NBA)1994 年至 1995 年赛季的最佳新秀贾森·基德说，他心目中的英雄偶像是他父母，父母教诲他勤奋、耐心等种种美德。这种话听来可能像陈词滥调，基德却真的在按照这些教诲去做的。

"小时候，父亲常常带我去打保龄球。我打得不好，总是找借口解释自己为什么打不好。我父亲说：'别再找借口了，你保龄球打不好，责任在你自己。'他说得对。现在我一发现任何缺点便努力纠正，绝不找借口搪塞。"基德说。

达拉斯小牛队每次练完球，人们总会看到有个球员在球场内奔跑不辍一小时，一再练习投篮，那就是贾森·基德，他是不找借口的。

人 生 感 悟

拥有高度责任心的人是绝不会找任何借口的。要成功，就不要给自己寻找借口。失败也罢，做错了也罢，再完美的借口对事情的改变也毫无作用！借口只会让人碌碌无为。

第 九 章

感谢折磨你的人

　　人生道路上，每一次辉煌的背后肯定都有一个凤凰涅槃的故事，世上没有不弯的路，人间没有不谢的花。折磨原本就是生命旅途中一道不可或缺的风景，生命，也总是在各种各样的折磨中茁壮成长。

　　自然界的一切事物如果想要变得更强，必须经过折磨。人也一样，只有历经折磨的人，才能够更快、更好地成长。人生，永远只能在折磨中得到升华。学会感谢折磨你的人和事，你才能真正领悟生活的真谛。

成长需要折磨

有个渔夫有着一流的捕鱼技术，被人们尊称为"渔王"。依靠捕鱼所得的钱，"渔王"积累了一大笔财富。

然而，年老的"渔王"却一点也不快活，因为他3个儿子的捕鱼技术都极其平庸。

于是他向人倾诉心中的苦恼："我真想不明白，我捕鱼的技术这么好，我的儿子们为什么这么差？我从他们懂事起就传授捕鱼技术，从最基本的东西教起，告诉他们怎样织网最容易使鱼易进难出，怎样划船最不会惊动鱼，怎样下网最容易捕捉到鱼。他们长大了，我又教他们怎样识潮汐、辨鱼汛……凡是我多年辛辛苦苦总结出来的经验，我都毫无保留地传授给他们，可他们的捕鱼技术竟然赶不上技术比我差的其他渔民的儿子！"

一位路人听了他的诉说后，问："你一直手把手地教他们吗？"

"是的，为了让他们学会一流的捕鱼技术，我教得很仔细、很耐心。"

"他们一直跟随着你吗？"

"是的，为了让他们少走弯路，我一直让他们跟着我学。"

路人说："这样说来，你的错误就很明显了。你只是传授给了他们技术，却没有传授给他们教训，对于才能来说，没有教训与没有经验一样，都不能使人成大器。"

是啊，渔夫的儿子从来都没有经受一点挫折的考验，他们怎么会获得成长呢？

人 生 感 悟

没有经历过风霜雨雪的花朵，无论如何也结不出丰硕的果实。温室的花朵注定经不起风雨，成长的过程就是不断接受折磨的过程，只有在经受折磨之后才能真正能够领悟成功的真谛。

生活在折磨中升华

被誉为"经营之神"的松下幸之助并不是一个幸运儿，不幸的生活促使他成为一个永远的抗争者。家道中落的松下幸之助9岁起就去大阪做小伙计，父亲的过早去世使得15岁的他不得不担负起生活的重担，寄人篱下的生活使他过早地体验了做人的艰辛。

1910年，松下幸之助独自来到大阪电灯公司做一名室内安装电线练习工，一切从头学起。不久，他诚实的品格和上乘的服务赢得了公司的信任。22岁那年，他晋升为公司最年轻的检察员。就在这时，他遇到了人生最大的挑战。

松下幸之助发现自己得了家族病，已经有9位家人在30岁前因为家族病离开了人世，这其中包括他的父亲和哥哥。当时的境况使他不可能按照医生的吩咐去休养，只能边工作边治疗。他没了退路，反而对可能发生的事情有了充分的精神准备，这也使他形成了一套与疾病作斗争的办法：不断调整自己的心态，以平常之心面对疾病，调动机体自身的免疫力、抵抗力与病魔斗争，使自己保持旺盛的精力。这样的过程持续了一年，他的身体也变得结实起来，内心也越来越坚强，这种心态也影响了他的一生。

患病后松下希望改良插座得到公司采用的愿望受挫，使他下决心辞去公司的工作，开始独立经营插座生意。

松下电器公司不是一个一夜之间成功的公司，创业之初，正逢第一次世界大战，物价飞涨，而松下幸之助手里的所有资金还不到100日元，其困难可想而知。公司成立后，最初的产品是插座和灯头，然而千辛万苦才生产出来的产品却遇到棘手的销售问题时，工厂到了难以为继的地步，员工相继离去，松下幸之助的境况变得很糟糕。

但他把这一切都看成是创业的必然经历，他对自己说："再下点功夫，总会成功的！已有更接近成功的把握了。"他相信：坚持下去取得成功，就是对自己最好的报答。工夫不负有心人，生意逐渐有了转机，直到6年后拿出第一个像样的产品，也就是自行车前灯时，公司才慢慢走出了困境。

日本的战败使得松下幸之助变得几乎一无所有，剩下的是到 1949 年时将达 10 亿日元的巨额债务。为抗议把公司定为财阀，松下幸之助不下 50 次去美军司令部进行交涉，其中辛苦自不必言。

一次又一次的打击并没有击垮松下幸之助，他以 94 岁的高龄，向人们表明，一个人只有从心理上、道德上成长起来时，他才可以长寿。他之所以能够走出遗传病的阴影，安然渡过企业经营中的一个个惊涛骇浪，得益于他永葆一颗年轻的心，并能坦然应对生活中的各种挫折的折磨。松下幸之助说过："你只要有一颗谦虚和开放的心，你就可以在任何时候从任何人身上学到很多东西。无论是逆境或顺境，坦然的处世态度，往往会使人更聪明。"

人 生 感 悟

没有经过风雨的禾苗永远不能结出饱满的果实，没有经过折磨的雄鹰永远不能高飞……这就是自然界告诉我们的一个很简单的道理，一切事物如果想要变得更强，必须经过折磨。人也一样，只有历经折磨的人，才能够更快、更好地成长。生活，永远只能在折磨中得到升华。

折磨迎来新生

《五灯会元》上曾记载这样一则故事：德山禅师在尚未得道之时曾跟着龙潭大师学习，日复一日地诵经苦读让德山有些忍耐不住。一天，他跑去问师父："我就是师父翼下正在孵化的一只小鸡，真希望师父能从外面尽快地啄破蛋壳，让我早日破壳而出啊！"

龙潭笑着说："被别人剥开蛋壳而出的小鸡，没有一个能活下来的。母鸡的羽翼只能提供让小鸡成熟和有破壳力的环境，你突破不了自我，最后只能胎死腹中。不要指望师父能给你什么帮助。"

德山听后，满脸迷惑，还想开口说些什么，龙潭说："天不早了，你也该回去休息了。"德山撩开门帘走出去时，看到外面非常黑，就说："师父，天太黑了。"龙潭便给了他一支点燃的蜡烛，他刚接过来，龙潭就把蜡烛熄灭，并对德山说："如果你心头一片黑暗，那么，什么样的蜡烛也无法将其照亮啊！即使我不把蜡烛吹灭，说不定哪阵风也要将其吹灭啊！只有点亮心灯一盏，天地自然成了一片光明。"

德山听后，如醍醐灌顶，后来果然青出于蓝，成了一代大师。

折磨是自然界的法则，如鹰是世间寿命最长的鸟类，它一生的寿命可达 70 岁。在 40 岁时，它如果要继续活下去必须经历一次痛苦的重生。

当鹰活到 40 岁时，它的爪子开始老化，不能有力地抓住猎物。它的喙开始变得又长又弯，几乎触到胸膛。它的翅膀也开始变得沉重，因为它的羽毛长得又浓又厚，飞翔都显得有些吃力。

这时它只有两种选择：等死，或开始一次痛苦的重生——150 天漫长的磨炼。它必须很卖力地飞到山顶，在悬崖上筑巢，停留在那里，不能飞翔。

鹰首先用它的喙击打岩石，直到喙完全脱落。然后静静地等待新的喙长出来。它会用新长出的喙把指甲一根一根地拔出来。当新的指甲长出来后，就再把羽毛一根一根地拔掉。5 个月以后，新的羽毛长出来了，鹰经历了一次新生。

如果 40 岁的鹰选择逃避，那么等待它的就是生命的枯萎。它唯有选择经历苦痛，生命才得以再生。重生与成功的道路上注定会荆棘密布。

人 生 感 悟

人生道路上，每一次辉煌的背后肯定都有一个凤凰涅槃的故事，世上没有不弯的路，人间没有不谢的花。折磨原本就是生命旅途中一道不可或缺的风景。生命，也总是在各种各样的折磨中茁壮成长。

反击别人不如充实自己

成功学大师戴尔·卡耐基刚开始拓展事业的时候，经常在全国各地巡回演讲，举办一些成人教育班和座谈会。

某次的活动里，来了一位纽约《太阳报》的记者，他后来在报道中毫不留情地攻击卡耐基和他的工作。

这对年轻气盛的卡耐基来说，不只是一桶泼在头上的冷水，简直是一桶恶臭难当的馊水。

卡耐基看了报纸，越想越恼火。这些文字侮辱了他的人格、他的理想，以及他全身心投入的事业，这个记者在刻意扭曲事实。

气急败坏之下，卡耐基马上打电话给《太阳报》执行委员会的主席，要求刊登一篇声明，以澄清真相。

是可忍，孰不可忍！卡耐基当时只有一个念头，就是一定要让犯错的人受到应有的惩罚。

几年之后，卡耐基的事业规模越来越庞大，他不禁为自己当时的幼稚行为感到惭愧。

因为，他直到这时才体会到，当时气冲冲地发表自己的文章，想要借此昭告天下、澄清事实，但是实际上，看那份报纸的人也许当中只有1/10会看到那篇文章；看到那篇文章的人里面可能有1/2会把它当成一件微不足道的小事，而真正注意到这篇文章的人里面，又有1/2会在几个礼拜之后，把这件事忘得一干二净，如此一来，刊登这篇文章有什么作用呢？

经过一番思考，卡耐基的处世态度更为成熟，他深深地明白了这样一个道理：面对别人的批评指责，你可以回敬同样的"礼数"，这也许会使你的怨气得以宣泄，但是却不会让你有更好的名声。因为，当你反击对手，平反自己时，你还是同一个你，根本没有一点进步。喜欢你的人依然喜欢你，不接受你的人还是不接受你。这就像生气地把一块大石头丢进海水里，只会有一瞬间的水花，转眼却又风平浪静。

人生感悟

多充实自己，你就会像一座山一样，慢慢高过所有的山，甚至高过空中的白云，这时，也许对来自别人的折磨，你只会有感激的想法了。

向挫折说一声"我能行"

挫折并不能保证你会得到完全绽开的成功花朵，它只提供成功的种子。饱受挫折折磨的人，必须自己努力去寻找这颗种子，并且以明确的目标给它养分并培育它，否则它不可能开花、结果。

有这样一个故事：一个农民，只上了几年学，家里就没钱继续供他上学了。他辍学回家，帮父亲耕种二亩薄田。在他18岁时，父亲去世了，家庭的重担全部压在了他的肩上。他要照顾身体不佳的母亲，还有一位瘫痪在床的祖母。

改革开放后，农田承包到户。他把一块水洼挖成池塘，想养鱼。但村里的干部告诉他，水田不能养鱼，只能种庄稼，他只好又把水塘填平。这件事成了一个笑话，在别人看来，他是一个想发财但又非常愚蠢的人。

听说养鸡能赚钱，他向亲戚借了300元钱，养起了鸡。但是一场大雨后，鸡得了鸡瘟，几天内全部死光。300元对别人来说可能不算什么，对一个只靠二亩薄田生活的家庭而言，可谓天文数字。他的母亲受不了这个刺激，忧劳成疾而死。

他后来酿过酒，捕过鱼，甚至还在石矿的悬崖上帮人打过炮眼……可都没有赚到钱。

36岁的时候，他还没有娶到媳妇。即使是离异的有孩子的女人也看不上他，因为他只有一间土屋，随时有可能在一场大雨后倒塌。娶不上老婆的男人，在农村是没有人看得起的。

但他还是没有放弃，不久他就四处借钱买一辆手扶拖拉机。不料，上路不到半个月，这辆拖拉机就载着他冲入一条河里。他断了一条腿，成了瘸子。而那拖拉机，被人捞起来以后，已经支离破碎，他只能拆开它，当作废铁卖。

所有的人都说他这辈子完了。

但是多年后他却成了一家公司的老总，手中有1亿元的资产。现在，许多人都知道他苦难的过去和富有传奇色彩的创业经历。许多媒体采访过他，许多报告文学描述过他。

在一次采访中，记者问他："在苦难的日子里，你凭借什么一次又一次毫不退缩？"

他坐在宽大豪华的老板台后面，喝完了手里的一杯水。然后，他把玻璃杯子握在手里，反问记者："如果我松手，这只杯子会怎样？"

记者说："摔在地上，碎了。"

"那我们试试看。"他说。

他手一松，杯子掉到地上发出清脆的声音，但并没有破碎，而是完好无损。他说："即使有10个人在场，他们都会认为这只杯子必碎无疑。但是，这只杯子不是普通的玻璃杯，而是用玻璃钢制作的。"

我们在埋怨自己生活多磨难的同时，不妨想想他的人生经历，以及其他经历过磨难的人们，与他们相比我们的困难和挫折算什么呢？向挫折说一声"我能行"，自强起来，生命就会屹立不倒。

人 生 感 悟

面对挫折，只有自强者才能战胜困难、超越自我。而如果一味地想着等待别人来帮忙，只能落得失败的下场。遭遇不顺利的事情时，坐等他人的帮助是一种极其愚蠢的做法，只有靠自己的努力才能解决问题，向折磨说一声"我能行"。记住：永远可以依赖的人只有自己！

把折磨当成前进的动力

你曾经被你的老师要求抄写生字10遍吗？你曾经被你的教练要求跑1000米吗？你曾经被你的上司训话吗？你曾经被你的顾客抢白而无言以对吗……生活中的折磨无处不在，你是怨天尤人，忧虑度日，还是接受折磨，更加奋勇前进，这取决于你的选择。记住，你的选择会决定你的命运。

把折磨当成自己前进的动力，使自己经受折磨的雕琢，最终走向成功，才是你最明智的选择。

美国的一所大学进行了一个很有意思的实验。实验人员用很多铁圈将一个小南瓜整个箍住，以观察它逐渐长大时，能抵抗多大由铁圈给予它的压力。当初实验员估计南瓜最多能够承受400磅（约181千克）的压力。

在实验的第一个月，南瓜就承受了400磅（约181千克）的压力，实验到第二个月时，这个南瓜承受了1000磅（约453千克）的压力。当它承受到2100（约953千克）磅的压力时，研究人员开始对铁圈进行加固，以免南瓜将铁圈撑开。

当研究结束时，整个南瓜承受了超过4000磅（约1814千克）的压力，到这时，瓜皮才因为巨大的反作用力产生破裂。研究人员取下铁圈，费了很大的力气才打开南瓜。它已经无法食用，因为试图突破重重铁圈的压迫，南瓜中间充满了坚韧牢固的层层纤维。为了吸收充足的养分，以便于提供向外膨胀的力量，南瓜的根系总长甚至超过了8万英尺（约2438千米），所有的根不断地往各个方向伸展，几乎穿透了整个实验田的每一寸土壤。

南瓜因为外界的压力而变得更加茁壮，人生也是如此。许多时候我们夸大了那些强加在我们身上的折磨的力量，其实生命还可以承受更大的压力，因为只要你想，你就能开发出更加惊人的潜能。

人　生　感　悟

在多难而漫长的人生路上，我们需要一颗健康的心，需要绚烂的笑容。折磨是一所没有人愿意上的大学，但从那里毕业的，都是强者。

抱怨生活之前先认清你自己

生活中总有这样那样的困难和不顺，在面对折磨时，在你抱怨生活之前，先问问自己，你认清你自己了吗?

一个女孩对父亲抱怨她的生活，抱怨事事都那么艰难。她不知该如何应付生活，想要自暴自弃了。她已厌倦抗争和奋斗，因为一个问题刚解决，新的问题就又出现了。

女孩的父亲是位厨师，他把她带进厨房。他先往三只锅里倒入一些水，然后把它们放在旺火上烧。不久锅里的水烧开了。他往第一只锅里放些胡萝卜，第二只锅里放入鸡蛋，最后一只锅里放入碾成粉状的咖啡豆。他将它们浸入开水中煮，一句话也没说。

女孩咂咂嘴，不耐烦地等待着，纳闷父亲在做什么。大约 20 分钟后，他把火关了，把胡萝卜捞出来放入一个碗内，把鸡蛋捞出来放入另一个碗内，然后又把咖啡舀到一个杯子里。做完这些后，他才转过身问女儿："亲爱的，你看见什么了？"

"胡萝卜、鸡蛋、咖啡。"她回答。

他让她靠近些，并让她用手摸摸胡萝卜。她摸了摸，注意到它们变软了。

父亲又让女儿拿一只鸡蛋并打破它。将壳剥掉后，她看到了是只煮熟的鸡蛋。

最后，父亲让她啜饮咖啡。品尝到香浓的咖啡，女儿笑了。她轻声问道："父亲，这意味着什么？"

父亲解释说，这三样东西面临同样的逆境——煮沸的开水，但其反应各不相同。

胡萝卜入锅之前是强壮的、结实的，但进入开水后，它变软了，变弱了。

鸡蛋原来是易碎的，它薄薄的外壳保护着它呈液体的内脏，但是经开水一煮，它的内脏变硬了。

而粉状咖啡豆则很独特，进入沸水后，它们反而改变了水。

人 生 感 悟

一个人总会在生活中遇到不顺，心灵受到折磨。这个时候，如果一味选择抱怨，也许只会让生活变得更糟。因此，在抱怨之前，先认清自己吧。或许，就能找到改变境遇的答案。

第 十 章

方法总比问题多，
莫为失败找借口

卓越者，必是重视方法之人。在他们的世界里，不存在不可能之类的字眼，他们相信凡事必有方法去解决，而且能够解决得很完美。事实也一再证明，看似极其困难的事情，只要用心去寻找方法，必定会有所突破。

有些人之所以不成功，就在于屈服于困难，无端地将困难放大，把自己看轻。其实，只要你努力去找方法，就一定会找到，而且越去找方法，便越会找方法；越会找方法，就越能创造更高的价值。

扫码获取
更多资源

寻找最佳的方法

从前有个小村庄，村里除了雨水没有任何水源，为了解决这个问题，村里的人决定签订送水合同，以便每天都能有人把水送到村子里。有两个人愿意接受这份工作，于是村里的长者同这两个人各签了一份合同。

得到合同的两个人中有一个叫艾德，他立刻行动了起来。每日奔波于1里外的湖泊和村庄之间，用他的两只桶从湖中打水运回村子，将打来的水倒在由村民们修建的一个结实的大蓄水池中。每天早晨他都比其他村民起得早，以便当村民需要用水时，蓄水池中已有足够的水供他们使用。

由于起早贪黑地工作，艾德很快就开始挣钱了。尽管这是一项相当辛苦的工作，但是艾德很高兴，因为他能不断地挣钱，并且他对能够拥有两份专营合同中的一份而感到满意。

另外一个获得合同的人叫比尔。令人奇怪的是自从签订合同后比尔就消失了，几个月来，人们一直没有看见过比尔。这令艾德兴奋不已，由于没人与他竞争，他挣到了所有的水钱。

比尔干什么去了？他做了一份详细的商业计划书，并凭借这份计划书找到了4位投资者，他们一起开了一家公司。6个月后，比尔带着一个施工队和一笔投资回到了村庄。花了整整一年的时间，比尔的施工队铺设了一条从村庄通往湖泊的大容量的不锈钢管道。

这个村庄需要水，其他有类似环境的村庄也一定需要水。于是他重新制订了他的商业计划，开始向全国甚至全世界的村庄推销他的快速、大容量、低成本并且卫生的送水系统，每送出一桶水他只赚1便士，但是每天他能送几十万桶水。无论他是否工作，几十万的人都要消费这几十万桶的水，而所有的这些钱都流入了比尔的银行账户中。显然，比尔不但开发了使水流向村庄的管道，而且还开发了一个使钱流向自己钱包的管道。

从此以后，比尔幸福地生活着，而艾德在他的余生里仍拼命地工作，最终还是陷入了"永久"的财务问题中。

多年来，比尔和艾德的故事一直指引着人们。

每当我们要做出某项决策时，这个故事都能给我们以帮助，我们应时常问自己："我究竟是在修管道还是在运水？我是在拼命地工作还是在聪明地工作？"

人 生 感 悟

同样是在工作，有些人只懂勤勤恳恳，循规蹈矩，终其一生也成就不大。而聪明的人却在努力寻找一种最佳的方法，在有限的条件中充分发挥智慧的作用，将工作做到最完美。同样是在解决难题，思想老化的人年复一年，机械地重复着手边的工作，没有创意的工作让人生无比乏味。相反，会动脑子的人会借着问题，将工作上升到更高效的层面，自己也可"一劳永逸"。

不为失败找借口

20 世纪 70 年代中期，日本的索尼彩电在日本已经很有名气了，但是在美国它却不被顾客所接受，因而索尼在美国市场的销售相当惨淡，但索尼公司没有放弃美国市场。后来，卯木肇担任了索尼国际部部长。上任不久，他被派往芝加哥。当卯木肇风尘仆仆地来到芝加哥时，令他吃惊不已的是，索尼彩电竟然在当地的寄卖商店里蒙满了灰尘，无人问津。如何才能改变销售的现状呢？卯木肇陷入了沉思。

一天，他驾车去郊外散心，在归来的路上，他注意到一个牧童正赶着一头大公牛进牛栏，而公牛的脖子上系着一个铃铛，在夕阳的余晖下叮当叮当地响着，后面是一大群牛跟在这头公牛的屁股后面，温顺地鱼贯而入。此情此景令卯木肇一下子茅塞顿开，他一路上吹着口哨，心情格外开朗。想想一群庞然大物居然被一个小孩儿管得服服帖帖的，为什么？还不是因为牧童牵着一头带头牛。索尼要是能在芝加哥找到这样一只"带头牛"来率先销售，岂不是很快就能打开局面？卯木肇为自己找到了打开美国市场的"钥匙"而兴奋不已。

马歇尔公司是芝加哥市最大的一家电器零售商，卯木肇最先想到了它。为了尽快见到马歇尔公司的总经理，卯木肇第二天很早就去求见，但他递进去的名片却被退了回来，原因是经理不在。第三天，他特意选了一个估计经理比较闲的时间去求见，但回答却是"外出了"。他第三次登门，经理终于被他的诚心所感动，接见了他，却拒绝卖索尼的产品。经理认为索尼的产品经常降价出售，形象太差。卯木肇非常恭敬地听着经理的意见，并一再地表示要立即着手改变商品形象。

回去后，卯木肇立即从寄卖店取回货品，取消削价销售，在当地报纸上重新刊登大量的广告，重塑索尼形象。

做完了这一切后，卯木肇再次叩响了马歇尔公司经理的门。可听到的却是索尼的售后服务太差，无法销售。卯木肇立即成立索尼特约维修部，全面负责产品的售后服务工作；重新刊登广告，并附上特约维修部的电话和地址，并注明24小时为顾客服务。

屡次遭到拒绝，卯木肇还是毫不气馁。他规定他的每个员工每天拨5次电话，向马歇尔公司询购索尼彩电。马歇尔公司被接二连三的电话搞得晕头转向，以致员工误将索尼彩电列入"待交货名单"。这令经理大为恼火，这一次他主动召见了卯木肇，一见面就大骂卯木肇扰乱了公司的正常工作秩序。卯木肇面带微笑地听着，等经理发完火之后，才晓之以理、动之以情地对经理说："我几次来见您，一方面是为本公司的利益，但同时也是为了贵公司的利益。在日本国内最畅销的索尼彩电，一定会成为马歇尔公司的摇钱树。"在卯木肇的说服下，经理终于同意试销2台，但有个条件：如果一周之内卖不出去，立马搬走。

为了开个好头，卯木肇亲自挑选了两名得力干将，把订货的重任交给了他们，并要求他们破釜沉舟，如果一周之内这2台彩电卖不出去，就不要再返回公司了……

两人果然不负众望，当天下午4点钟，两人就送来了好消息。马歇尔公司又追加了 2 台。至此，索尼彩电终于挤进了芝加哥的"带头牛"商店。随后，进入家电的销售旺季，短短一个月内，竟卖出 700 多台。索尼和马歇尔从中获得了双赢。

有了马歇尔这只"带头牛"开路，芝加哥的 100 多家商店都对索尼彩电群起而销之，不到 3 年，索尼彩电在芝加哥的市场占有率达到了 30%。

人 生 感 悟

有些人之所以不成功，就在于屈服于困难，无端地将困难放大，把自己看轻。其实，只要你努力去找方法，就一定会找到，而且越去找方法，便越会有方法；越会有方法，就越能创造更高的价值。

面对困难，一流人才找方法，末流的人找借口。愿你成为一个不找借口找方法的精英。

方法使"不能"成为"能"

罗宾以前经营着一家小规模的皮鞋厂，只有十几个雇工。

他很清楚自己的工厂规模小，要挣到大钱是很困难的。资金少，规模小，人力资源又不够，无论从哪一方面都不能和强大的同行相抗衡。

那么，该怎样改变这种局面呢？

罗宾面前摆着两条路：

一是提高鞋料的成本，使自己的产品在质量上胜人一筹。然而在现在这种状况下，自己的成本原本就比别人的高，若再提高成本，那么就只能赔钱卖了。所以，这条路现在根本不可行。

再有就是在款式上下功夫。只要自己能够翻出新花样、新款式，不断变换、不断创新，就可以为自己打开一条新的出路。

罗宾认为后一个主意不错，并决定走这条道路。

随后，他立即召集工厂的十几个工人开了个皮鞋款式改革会议，并要求他们各尽所能地设计新款的鞋样。

罗宾还特设了一个奖励办法：凡设计出的样式被公司采用者，可得到1000美元的奖励；若是通过改良被采用的，奖励500美元；即使没被采用，但别具匠心的仍可获得100美元的奖励。

号召很快就被响应，没过多久，被采纳的3款鞋样便试行生产了，当然这3名设计者也分别得到了应得的1000美元的奖励。

第一批生产出的产品，被送往各大城市进行推销。

顾客都很欣赏这些款式新颖的皮鞋，这些皮鞋在很短的时间内便被抢购一空。

两个星期后，罗宾的工厂便收到了2700份订单，这使得工人们开始加班加点。生意越做越大，公司也在原来的规模上，扩充成为有18家分厂的规模庞大的工厂了。

没过多久，危机又出现了，当皮鞋工厂一多起来，做皮鞋的技工便显得供不应求了。其他的工厂都出重资挽留住自己的工人，即使罗宾提高工资，也难以把工人从其他工厂拉过来。没有工人，工厂将难以维持，这是最令罗宾头疼的事了。他接了不少订单，但如在规定的期限内交不上货，那么他将赔偿巨额的违约金。罗宾为此煞费脑筋。

他召集18家皮鞋工厂的工人开了一次会议。他坚信，三个臭皮匠顶一个诸葛亮，众人协力，定能把问题解决。

罗宾把工厂缺少工人的难题告知大家，并宣布了谁动脑筋想出办法就重奖谁。

会场陷入了寂静，人们都在埋头苦想。

过了片刻，一个不起眼的小伙子举起了右手，在罗宾应允后，他站起来发言："罗宾先生，没有工人，我们可以用机器来造皮鞋。"

罗宾还未表态，底下就有人嘲讽说："小伙子，用什么机器造鞋呀？你能给我们造台这样的机器吗？"

那小伙子听了，怯生生地坐回了原位。

这时罗宾却走到了他的身旁，然后把他拉到了主席台上，朗声向大家宣布："诸位，这小伙子说得很对，虽然他还造不出这种机器，但这个想法很重要，很有用处。只要我们沿着这个思路想下去，问题肯定会很快解决的。

"我们永远不能安于现状，不能把思维局限于一定的框架之中，这样我们才能不断创新。现在，我宣布这个小伙子可获得 500 美元奖金。"

通过 4 个多月的大量研究和实验，罗宾的皮鞋工厂中的很大一部分工作已经被机器取代了。

罗宾·维勒，这个美国商业界的奇才，就像一盏指路明灯照亮了美国商业界的前途。他的成功证明了：商海茫茫，只有那些相信自己，并使不可能成为可能的人才能抵达胜利的彼岸。

人 生 感 悟

工作中，要使"不能"成为"能"，最好的方法是拓展自己的创造力。任何事情的成功，都是因为能找到把事情做得更好的方法。

将难题进行分解

1872 年，"圆舞曲之王"约翰·施特劳斯应美国当地有关团体之邀在波士顿指挥音乐会。但谈演出计划的时候，他被这个规模惊人的音乐会吓了一跳。

原来，美国人想创造一个世界之最：由施特劳斯指挥一场有 2 万人参加演出的音乐会。而一个指挥家一次指挥几百人的乐队就是一件很不容易的事了，何况是 2 万人？

施特劳斯想了想，居然答应了。到了演出那天，音乐厅里坐满了观众。施特劳斯指挥得非常出色，2 万件乐器奏起了优美的乐曲，观众听得如痴如醉。原来，施特劳斯任的是总指挥，下面有 100 名助理指挥。总指挥的指挥棒一挥，助理指挥紧跟着相应指挥起来，2 万件乐器齐奏，合唱队的和声响起。

因此可见，"分"是一种大的智慧，它不仅能够帮助我们解除心理上的压力，也能帮助我们将难解决的问题高效解决，水晶大教堂的建立采取的也是这个办法。

1968 年春，罗伯·舒乐博士立志在加州用玻璃建造一座水晶大教堂，他向著名的设计师菲利浦·强生表达了自己的构想：

"我要的不是一座普通的教堂，我要在人间建造一座伊甸园。"

强生问他的预算，舒乐博士坚定而坦率地说："我现在一分钱也没有，所以 100 万美元与 400 万美元的预算对我来说没有区别，重要的是，这座教堂本身要具有足够的魅力来吸引人们捐款。"

教堂最终的预算为 700 万美元。700 万美元对当时的舒乐博士来说是一个不仅超出了能力范围也超出了理解范围的数字。

当天夜里，舒乐博士拿出 1 页白纸，在最上面写上"700 万美元"，然后又写下了 10 行字：

"1. 寻找 1 笔 700 万美元的捐款。

2. 寻找 7 笔 100 万美元的捐款。

3. 寻找 14 笔 50 万美元的捐款。

4. 寻找 28 笔 25 万美元的捐款。

5. 寻找 70 笔 10 万美元的捐款。

6. 寻找 100 笔 7 万美元的捐款。

7. 寻找 140 笔 5 万美元的捐款。

8. 寻找 280 笔 2.5 万美元的捐款。

9. 寻找 700 笔 1 万美元的捐款。

10. 卖掉 1 万扇窗户，每扇 700 美元。"

60 天后，舒乐博士用水晶大教堂奇特而美妙的模型打动了富商约翰·可林，他捐出了第一笔 100 万美元。

第 65 天，一位倾听了舒乐博士演讲的农民夫妻，捐出第一笔 1000 美元。

90 天时，一位被舒乐博士孜孜以求精神所感动的陌生人，在生日的当天寄给舒乐博士一张 100 万美元的银行本票。

8个月后，一名捐款者对舒乐博士说："如果你能筹到600万美元，剩下的100万美元由我来支付。"

第二年，舒乐博士以每扇500美元的价格请求美国人订购水晶大教堂的窗户，付款办法为每月50美元，10个月分期付清。6个月内，1万多扇窗户全部售出。

1980年9月，历时12年，可容纳10000多人的水晶大教堂竣工，这成为世界建筑史上的奇迹和经典，也成为世界各地前往加州的人必去瞻仰的胜景。

水晶大教堂最终造价为2000万美元，全部是舒乐博士一点一滴筹集而来的。

人生感悟

许多困难乍一看似乎无法克服，然而我们本着从零开始，点点滴滴去实现的决心，有效地将问题分解成许多板块，这将大大提升我们去克服困难的信心和效率。

问题引领成功

大发明家爱迪生辞退不称职的助手后，又贴出招聘新雇员的广告，但是应试的人没有一个能使他满意。他满腹怨气地对爱因斯坦说："每天上我这儿来的年轻人真不少，可没有一个我看得上的。"

"您判断应征者合格或不合格的标准是什么？"爱因斯坦问道。

爱迪生一面把一张写满各种问题的纸条递给爱因斯坦，一面说："只有能回答出这些问题，他才有资格当我的助手。"

"从纽约到芝加哥有多少英里？"爱因斯坦读了一个问题，并且回答说，"这需要查一下铁路指南。"

"不锈钢是用什么做成的？"爱因斯坦读完第二个问题又回答说，"这得翻一翻金相学手册。"

"您说什么，博士？"爱迪生打断了爱因斯坦的话问道。

"看来我不用等您拒绝，就自动宣布落选啦！"爱因斯坦幽默地说。

爱因斯坦从自己的切身体验出发，强调不能死记住一大堆东西，而是要能灵活地进行思考。

爱因斯坦认为，正确地进行思考，是实现成功至关重要的条件。

小时候的爱因斯坦一点也看不出来有什么天赋，直到 3 岁时，他还不会讲话。他 6 岁上学，在学校里成绩非常差，一上课就是被批评的对象，老师还说他永远也不会有什么大的出息。大家一致认为他是一个天生的笨蛋。

但是，爱因斯坦在 12 岁时，就已经决定献身于解决"那广漠无垠的宇宙"之谜。15 岁那一年，由于历史、地理和语言等都没有考及格，加上老师认为他破坏了秩序和纪律，他被学校开除了。

爱因斯坦非常重视思考和想象。他说："想象力比知识更重要。因为知识是有限的，而想象力包括世界上的一切，推动着进步，并且是知识进化的源泉。"他在 16 岁时，幻想着自己正骑在一束光上，做着太空旅行，然后思考："如果这时在出发地有一座钟，从我坐的位置看，它的时间会怎样流逝呢？"

从此，他开始了他的科学远征。他设计了大量理想实验，提出了"光量子"等模型，为相对论和量子论的建立奠定了基础。

人 生 感 悟

灵活地进行思考对一个人的成功是非常必要的。保持一颗好奇心，多问几个为什么，而不是死记硬背一些知识，那样你只会成为成功者的助手，而不是一个真正的成功者。请记住：问题引领成功。

善于发问

著名的日本丰田汽车公司，曾经使用提问的思考方式来找出问题的最终原因，从而使问题得到根本的解决。

有一天，丰田汽车公司的一台生产配件的机器在生产期间突然停止转动了。负责的主管立即把大家召集起来，进行一系列的提问来解决这个问题。

问：机器为什么不转动了？

答：因为熔断丝断了。

问：熔断丝为什么会断？

答：因为超负荷而造成电流太大。

问：为什么会超负荷？

答：因为轴承发涩不够润滑。

问：为什么轴承不够润滑？

答：因为油泵吸不上来润滑油。

问：为什么油泵吸不上来润滑油？

答：因为油泵产生了严重的磨损。

问：为什么油泵会产生严重磨损？

答：因为油泵未装过滤器而使铁屑混入。

在上面的提问中，主管用"为什么"进行提问，连续用了6个"为什么"找出了最终的原因，从而使问题得到根本解决。

当然，实际问题的解决过程中并不会像上面叙述的那么顺利，但主要的思路是这样的。

在解决问题时，要多问几个为什么，做到"刨根问底"，这样才能使问题得到根本的解决，尽可能地消除隐患。

人 生 感 悟

人要想有所成就，就必须尽可能多地涉猎各方面的知识，取得多样的经验，拓宽自己的视野。

在广泛猎获渊博知识的基础上，还要不时地梳理、归纳，形成合理的认知结构，建立知识间的各种联系。这就需要在思考问题时，更快更好地提出问题。

多一种方案

几年前，一个城市发生了垃圾问题。这个城市以前相当干净，但由于人们不愿使用垃圾桶，结果垃圾四处堆积。

卫生部门对此极为关注。他们提出许多解决的办法，希望能使城市整洁。第一个方法是：把乱丢垃圾的人的罚金从 25 元提高到 50 元。实施后，收效甚微。第二个方法是：增加街道巡逻人员的数量。然而成效同样不明显。

于是，有人提出了这样一个问题：假如人们把垃圾丢入垃圾桶时，可以从桶里拿到钱呢？可以在每一个垃圾桶上装上电子感应的退币机器，在人们倒垃圾入桶时，就可以拿到 10 元奖金。

但是，这个点子明显难以实施，因为假若市政府采用了这个办法，那么过不了多久就会使财政拮据或发生危机。

上述建议虽然不切实际未被采用，但可以被用作垫脚石。他们想道："是否有其他奖励大家用垃圾桶的办法呢？"这个问题有了答案。卫生部门设计出了电动垃圾桶，桶上装有一个感应器，每当垃圾丢进桶内，感应器就有反应而启动录音机，播出一则故事或笑话，其内容每两个星期换一次。这个设计大受欢迎。结果所有的人不论距离远近，都把垃圾丢进垃圾桶里，城市又恢复了干净。

人生感悟

没有哪种方案是完美无缺的，如果你只钟爱一种方案，你就看不到其他方案的长处，你也会因此而失去许多机会。寻找新方案最稳妥的方法，就是将思维发射到四面八方，绝不要在刚找到第一个答案时就止步不前，而是继续寻找其他的答案。

学会变通

有一家效益相当好的大公司，决定进一步扩大经营规模，于是高薪聘请营销人员，广告一打出来，报名者云集。

面对众多应聘者，公司招聘负责人说："相马不如赛马。为了能选拔出高素质的营销人员，我们出一道实践性的试题：就是想办法把梳子尽量多地卖给和尚。"

绝大多数应聘者感到困惑不解，甚至愤怒：出家人剃度为僧，要梳子有什么用处？岂不是神经错乱，拿人开涮？没过一会儿，应聘者纷纷拂袖而去，最后只剩下3个应聘者：A，B，C。

负责人对他们3人交代："以10日为限，届时请各位将销售成果报给我。"

10日期限到。

负责人问A："卖出去多少？"

答："1把。"

"怎么卖的？"

A讲述了历尽辛苦以及受到众和尚的责骂和追打的委屈，好在下山途中遇到一个小和尚一边晒太阳，一边使劲挠着很脏的头皮。A灵机一动，赶忙递上了梳子，小和尚用后满心欢喜，于是买了一把。

负责人又问B："卖出去多少？"

答："10把。"

"怎么卖的？"

B说他去了一座名山古寺，由于山高风大，进香者的头发都被吹乱了。B找到了寺院住持说："蓬头垢面是对佛的不敬，所以应在每座庙的香案上放把梳子，供善男信女梳理鬓发。"住持采纳了B的建议，那山共有10座庙，于是B卖出了10把梳子。

负责人又问C："卖出去多少？"

答："1000把。"

负责人惊问："怎么卖的？"

C说他到一个久负盛名、香火旺盛的深山宝刹，朝拜者络绎不绝。C对住持说："凡来进香朝拜者，多有一颗虔诚之心，宝刹应有所回赠，以做纪念，保佑其平安吉祥，鼓励其多做善事。我有一批梳子，您的书法超群，可先刻上'积善梳'3个字，然后便可成为赠品。"住持大喜，立即买下1000把梳子，并请C小住几天，共同出席了首次赠送"积善梳"的仪式。得到"积善梳"的香客很是高兴，一传十，十传百，朝拜者更多，香火也更旺了。这还不算完，好戏还在后头。住持希望C再多卖他一些不同档次的梳子，以便分层次赠给各种类型的香客。

就这样，C在一个看来没有梳子市场的地方开创出了一个很有潜力的市场。

世界上的很多事情"没有做不到，只有想不到"。我们经常会被传统的思维方式所束缚，不开阔眼界，难以开拓创新。打破常规、横向思维、发散思考、逆向探究，往往会给人带来意想不到的收获。

在一次培训课上，企业界的精英们正襟危坐，等着听管理学教授做关于企业运营的报告。门开了，教授走进来，矮胖的身材，圆圆的脸，左手提着个大提包，右手擎着个涨得圆鼓鼓的气球。精英们很奇怪，但还是有人立即拿出笔和本子，准备记下教授精辟的分析和坦诚的忠告。

"噢，不，不，你们不用记，只要用眼睛看就足够了，我的报告将非常简单。"教授说道。

教授从包里拿出一只开口很小的瓶子放在桌子上，然后指着气球对大家说："谁能告诉我怎样把这只气球装到瓶子里去？当然，你不能这样，嘭！"教授滑稽地做了个气球爆炸的姿势。

众人面面相觑，都不知教授葫芦里卖的什么药，终于一位精明的女士说："我想，也许可以改变它的形状……"

"改变它的形状？嗯，很好，你可以为我们演示一下吗？"

"当然。"女士走到台上，拿起气球小心翼翼地捏弄。她想利用橡胶柔软可塑的特点，把气球一点点塞到瓶子里。但这远远不像她想的那么简单，很快她发现自己的努力是徒劳的，于是她放下手里的气球，道："很遗憾，我承认我的想法行不通。"

"还有人要试试吗？"

无人响应。

"那么好吧，我来试一下。"教授道。他拿起气球，三下两下便解开气球嘴上的绳子，"嗤"的一声，气球变成了一个软耷耷的小袋子。

教授把这个小袋子塞到瓶子里，只留下吹气的口儿在外面，然后用嘴巴衔住，用力吹气。很快，气球鼓起来，胀满在瓶子里，教授再用绳子把气球的嘴儿给扎紧。"瞧，我改变了一下方法，问题迎刃而解了。"教授露出了满意的笑容。

教授转过身，拿起笔在写字板上写了个大大的"变"字，说："当你遇到一个难题，解决它很困难时，那么你可以改变一下你的方法。"他指着自己的脑袋，"思想的改变，现在你们知道它有多么重要了。这就是我今天要说明的。"

精英们开始交头接耳，一些人脸上露出顽皮的笑意。

停了片刻，教授又开口了。"现在，还有最后一个问题，这是个简单的问题。"他从包里拿出一只新瓶子放到台上，指着那只装着气球的瓶子说："谁能把它放到这只新瓶子里去？"

精英们看到这只新瓶子并没有原来那个瓶子大，直接装进去是根本不可能的。但这样简单的问题难不住头脑机敏的精英们，一个高个子的中年男人走过去，拿起瓶子用力向地上掷去，瓶子碎了，中年人拾起一块块残片装入新瓶子。

教授点头表示称许，精英们对中年人采取的办法并没有感到意外。

这时教授说："先生们、女士们，这个问题很简单，只要改变瓶子的状态就能完成，我想你们大家都想到了这个答案，但实际上我要告诉你们的是：一项改变最大的极限是什么。瞧！"教授举起手中的瓶子，"就是这样，最大的极限是完全改变旧有状态，彻底打碎它。"

教授看着他的听众，补充道："彻底的改变需要很大的决心，如果有一点点留恋，就不能够真的打碎。你们知道，打碎了它就是毁了它，再没有什么力量能把它恢复得和从前一模一样。所以当你下决心要打碎某个事物时，你应当再一次问自己：我是不是真的不会后悔。"

讲台下面鸦雀无声，精英们琢磨着教授话中的深意。教授收拾好自己的包，说："感谢在座的诸位，我的报告结束了。"然后他飘然而去。

不通则变，一心求变的人要知道，变的极限是毁，用到思维上就是不破不立。

学会变通地去应对工作中的困难，我们定能做到无往不利。

人 生 感 悟

从哲学的角度来讲，唯一不变的东西是变化本身。我们生活在一个瞬息万变的世界里，应当学会适应变化。在竞争日益激烈的今天，要培养"以变化应万变"的理念，一个有思想有觉悟的人，应勇于面对变化带来的困难，这样才能做到卓越和高效。

开启智慧之门

这年，松下公司要招聘一名高级女职员，一时应聘者如云。经过一番激烈的比拼，山川秀子、原亚纪子、宫崎慧子3人脱颖而出，成为进入最后阶段的候选人。3个人都是名牌大学的高才生，又是各有千秋的美女，条件不相上下，竞争到了白热化状态。她们都在小心翼翼地做着准备，力争使自己成为"笑到最后"的胜利者。

这天早上8点，3人准时来到公司人事部。人事部长给她们每人发了一套白色制服和一个精致的黑色公文包，说："3位小姐，请你们换上公司的制服，带上公文包，到总经理室参加面试。这是你们最后一轮考试，考试的结果将直接决定你们的去留。"3位美女脱下精心搭配的外衣，穿上那套白色的制服。人事部长又说："我要提醒你们的是，第一，总经理是个非常注重仪表的先生，而你们所穿的制服上都有一小块黑色的污点。毫无疑问，当你们出现在总经理面前时，必须是一个着装整洁的人，怎样对付那个小污点，就是你们的考题；第二，总经理接见你们的时间是 8 点 15 分，也就是说，10 分钟以后，你们必须准时赶到总经理室，总经理是不会聘用一个不守时的职员的。好了，考试开始了。"

3 个人立即行动起来。

山川秀子用手反复去擦那块污点，反而把污点越弄越大，白色制服最终被弄得惨不忍睹。山川秀子紧张起来，红着脸央求人事部长能否给她再换一套制服，没想到，人事部长抱歉地说："绝对不可以，而且，我认为，你没有必要到总经理室去面试了。"山川秀子一下子愣住了，当她知道自己已经被取消了竞争资格后，眼泪汪汪地离开了人事部。

与此同时，原亚纪子已经飞奔到洗手间，她拧开水龙头，撩起自来水开始清洗那块污点。很快，污点没有了，可麻烦也来了，制服的前襟处被浸湿了一大片，紧紧贴在身上。于是，原亚纪子快步移到烘干器前，打开烘干器，对着那块浸湿处烘烤着。烤了一会儿，她突然想起约定的时间，抬起手腕看表：坏了，马上就到约定时间了。于是，原亚纪子顾不得把衣服彻底烘干，赶紧往总经理室跑。

赶到总经理室门前，原亚纪子一看表，8 点 15 分，还没迟到。更让她感到庆幸的是，白色制服上的湿润处已经不再那么明显了，要不是仔细分辨，根本看不出曾经洗过。何况堂堂大公司总经理，怎么会死盯着一个女孩的衣服看呢？除非他是一个色鬼。

原亚纪子正准备敲门进屋，门却开了，宫崎慧子大步走出来。原亚纪子看见，宫崎慧子的白色制服上，那块污迹仍然醒目地躺在那里。原亚纪子的心里踏实了，她自信地走进办公室，得体地说声："总经理好。"总经理坐在办公桌后面，微笑地看着原亚纪子白色制服上被弄湿的那个部位，好像在分辨着什么。原亚纪子有点不自在。

这时，总经理说话了："原亚纪子小姐，如果我没有看错的话，你的白色制服上有块地方被水浸湿了。"原亚纪子点了点头。"是清洗那块污渍所致吗？"总经理问。原亚纪子疑惑地看着总经理，点了点头。总经理看出原亚纪子的疑惑，浅笑一声道："污点是我抹上去的，也是我出的考题。在这轮考试中，宫崎慧子是胜者，也就是说，公司最终决定录用宫崎慧子。"

原亚纪子感到愕然："总经理先生，这不公平。据我所知，您是一位见不得污点的先生。但我看见，宫崎慧子的白色制服上，那块污点仍然清晰可见。"

"问题的关键是，宫崎慧子小姐没有让我发现她制服上的污点。从她走进我的办公室，那只黑色公文包就一直幽雅地横在她的前襟上，她没有让我看见那块污迹。"总经理说。

原亚纪子说："总经理先生，我还是不明白，您为什么选择了宫崎慧子而淘汰了我呢？我准时到达您的办公室，也清除了制服上的污点，而宫崎慧子只不过耍了个小聪明，用皮包遮住了污点。应该说，我和宫崎慧子打了个平手。"

"不。"总经理果断地说，"胜者确实是宫崎慧子，因为她在处理事情时，思路清晰，善于分清主次，善于利用手中现有的条件，她把问题解决得从容而漂亮。而你，虽然也解决了问题，但你却是在手忙脚乱中完成的，你没有充分利用你现有的条件。其实，那只公文包就是我们解决问题的杠杆，而你却将它弃之一旁。如果我没猜错的话，你的'杠杆'忘在洗手间里了吧？"

原亚纪子终于信服地点了点头。总经理又微笑着说："如果我没猜错的话，宫崎慧子小姐现在会在洗手间里，正清洗她前襟处的污渍呢。"从成功的角度来讲，两点之间的最短距离并不一定是条直线，而可能是一条障碍最小的曲线。

人 生 感 悟

要找到绕过障碍最短的曲线，需要一颗时时寻找方法去处理事情和面对困难的大脑。优秀的人，会养成寻找方法而不惧怕困难的习惯，力争做到最好。每个渴望实现自我价值和最大化潜能的人，从现在开始就要开启智慧的大脑，用方法克服困难。这也许是松下"魔鬼"考核给我们最大的启示。

第十一章

可以平凡，
但不能平庸

平凡并不等于平庸。一个人可以平凡，但不能平庸。埋下头去做一个平凡的人，努力从平凡的小事做起。只有牢牢地把握住了今天，才能迎来明天的成就。生命可以没有灿烂，但不能失去的是平凡。如果没有自己的头脑和判断，没有一种不屈不挠、精益求精的态度，那么我们终将沦为平庸。

追求卓越才能成为核心人物

推销员戴尔做了一年半的业务，看到许多比他后进公司的人都晋升了职位，并且薪水也比他高许多，他百思不得其解。想想自己来了这么长时间，客户也没少联系，薪水也还凑合自己开支，可就是没有大的订单让他在业务上有所起色。

有一天，戴尔像往常一样回家就打开电视若无其事地看起来，突然有一个名为"如何使生命增值"的专题采访节目引起了他的关注。

心理学专家回答记者说："我们无法控制生命的长度，但我们完全可以把握生命的深度！其实每个人都拥有超出自己想象10倍以上的力量。要使生命增值，唯一的方法就是在职业领域中努力地追求卓越！"

戴尔听完这段话后，信心大增。他立即关掉电视，拿出纸和笔，严格地制订了半年内的工作计划，并落实到每一天的工作中……

两个月后，戴尔的业绩明显大增。9个月后，他已为公司赚取了2500万美元的利润，年底他当上了公司的销售总监。

如今，戴尔已拥有了自己的公司。他每次培训员工时，都不忘记说："我相信你们会一天比一天更优秀，因为你们拥有这样的能力！"于是员工信心倍增，公司的利润也飞速增长。

人 生 感 悟

在人生历程中，每个人都迫切希望自己能成为众人的焦点，成为聚光灯的中心，事实上，这并不是什么困难的事，只要你拥有一颗追求卓越的心。

在平凡中追求卓越

阿穆耳饲料厂的厂长麦克道尔之所以能够从一个速记员一步一步往上

升，就是因为他在工作中总是追求尽善尽美。

他最初在一个懒惰的经理手下做事，那个经理习惯于把事情推给下面的职员去做。

有一次，他吩咐麦克道尔编一本总经理阿穆耳先生前往欧洲时需要的密码电报书，如果是一般人来做这个工作，恐怕只会简单地把电码编在几张纸片上敷衍了事，但麦克道尔可不是这样玩忽职守的人。他利用下班的空余时间，把这些电码编成了一本漂亮的小书，并用打字机打印出来，然后再装订好。完成之后，经理便把电报本交给了阿穆耳先生。

"这大概不是你做的吧？"阿穆耳先生问。

"不……是……"那经理战栗着回答。

"是谁做的呢？"

"我的速记员麦克道尔做的。"

"你叫他到我这里来。"

阿穆耳对麦克道尔亲切地说："小伙子，你怎么想到把我的电码做成这个样子呢？"

"我想这样用起来会方便些。"

"你什么时候做的呢？"

"我是晚上在家里做的。"

"是吗？我特别喜欢它。"

这次谈话后没几天，麦克道尔便坐到了前面办公室的一张写字台前。没过多久，他便代替了以前那个经理的位置。

人 生 感 悟

卓越是细节完美的具体表现，卓越并非高不可攀，只要我们认真从自己做起，从日常的每一件小事做起，并把它做细，就算是在平凡的岗位上也能创造卓越。

做到 100% 满意

小王刚进入这家广告公司时，自视水平很高，对待工作漫不经心。有一天，主管交给他一项任务——给一家著名的公司做一个广告宣传方案。

小王认为这是小菜一碟，只花了一天的时间就把这个方案做完了，交给主管。主管一看就给否决了，让他重新起草一份。结果，他又用了两天时间，重新起草了一份，交给主管。主管看了之后，虽然觉得不是特别理想，但还能用，就把它交给了老板。

第二天，老板把小王叫进了自己的办公室，问他："这是你能做出的最好方案吗？"小王一愣，没敢回答。老板把方案推到他面前，小王一句话也没说，拿起方案，返回到自己的办公室，重新调整了一下情绪，又把方案修改了一遍，然后呈送给老板。老板依旧还是那句话："这是你能做出的最好方案吗？"小王心里还是没底，没敢做出明确的答复。于是，老板让他再仔细斟酌、认真修改方案。

这一次，他回到办公室里，绞尽脑汁，冥思苦想了一周，把方案从头到尾又修改了一遍交了上去。老板看着他的眼睛，仍旧是那句话："这是你能做出的最好方案吗？"小王信心十足地答道："是的，这是我认为最满意的方案。"老板看后说："好！这个方案批准通过。"

有了这一次的工作经历之后，小王明白了一个道理：只有尽职尽责地工作，才能够把工作做到尽善尽美。在以后的工作中，他便经常提醒自己：一定要尽职尽责地对待自己的工作，把工作做到 100% 完美。

人 生 感 悟

在工作中每一个人都应该用最高的标准来要求自己。能做到最好，就必须做到最好，能完成 100%，就绝不只做 99%。只要你动用你的全部才智，把工作做得比别人更完美、更快、更准确、更专注，就能引起老板的关注，实现你心中的愿望。

在平凡的岗位上做到最好

许多年前，在日本，一个年轻女孩来到一家著名的酒店应聘服务员。这是她走出校门的第一份工作，她将在这里正式步入社会，迈出她人生关键的第一步。

没想到在新员工受训期间，主管竟然安排她洗马桶，而且对工作质量要求高得吓人：必须把马桶擦洗得光洁如新！

说实话，洗马桶的工作使她难以忍受。当她拿着抹布伸向马桶时，胃里立刻一阵翻腾，恶心得想吐却又吐不出来，这令她每天工作时战战兢兢，如临深渊。

为此，她心灰意冷，面临着自己人生第一步应该怎样走下去的选择：是继续干下去，还是另谋职业？

就在此时，一位同酒店的前辈及时地出现在她的面前。

这位前辈并没有用空洞的理论去说教，而是亲自为她演示了一遍洗马桶的过程。她一遍遍地洗着马桶，直到洗得光洁如新。最后，她竟从马桶里盛了一杯水，一饮而尽！

她看得目瞪口呆，在前辈鼓励的目光下，如梦初醒！她意识到是自己的工作态度出了问题，于是痛下决心："就算一辈子洗马桶，也要做一名把马桶洗得最出色的人！"

在那以后，她仿佛脱胎换骨成为一个全新的人，全身心地投入到工作中，她的工作质量也达到了无可挑剔的高水准。为了检验自己的自信心，为了证实自己的工作质量，也为了强化自己的敬业心，她也多次喝过马桶里的水，正因为如此，她很成功地迈好了人生的第一步。从此，她踏上了人生的成功之旅。

多年以后，这个当年洗马桶的日本女孩，37 岁就成了日本内阁的邮政大臣，她的名字叫野田圣子。

生活总是会给每个人回报的，无论是荣誉还是财富，条件是你必须转变自己的思想和认识，努力培养自己尽职尽责的工作精神。一个人只有具备了尽职尽责的精神之后，才会产生改变一切的力量。

艺贵在精，而不在多

般特是佛祖释迦牟尼的一个徒弟，他以愚钝著称，多年来连一首偈都背不全。

一天，佛祖把他叫到面前，逐字逐句地教他一首偈："守口摄意身莫犯，如是行者得度世。"

佛祖接着说："你不要认为这首偈稀疏平常，你只要认真地学会这一首偈，就已经不容易了！"

于是，般特翻来覆去地学这一首偈，终于领悟了其中的意思。不久，佛祖派他去给附近的女尼讲经说法。

在讲经说法之前，般特谦虚地对众女尼说道："我生来愚钝，在佛祖身边只学得一偈，现在给大家讲述，希望静听。"接着便念偈："守口摄意身莫犯，如是行者得度世。"

众女尼笑道："居然只会一首启蒙偈，我们早就倒背如流了，还用你来讲解？"可是，般特却不动声色，从容讲下去，说得头头是道，新意迭出。一首普通的偈，说出了无限深邃的佛理。

众女尼不禁感叹道："一首启蒙偈，居然可以理解到这种程度，实在是高人啊！"于是对他肃然起敬，再也不取笑他了。

人 生 感 悟

　　当我们在充实知识、提高自身素质的时候，要明确对自己发展有用的技能并用心把它们学好，十八般武艺不一定要样样都精通，但要至少有一样是自己的强项，只有这样才能在人才济济的现代竞争之中占有一席之地。

培养认真的工作态度

　　3 个建筑工人在砌一堵墙。有个路人问："你们在干什么？"

　　第一个没好气地说："没看见吗？砌墙。"

　　第二个人抬头笑了笑，说："我们在盖一幢高楼。"

　　第三个人边干边哼着歌曲，他的笑容很灿烂："我们正在建设一座美丽的新城市！"

　　10 年后，第一个人在另一个工地上砌墙；第二个人坐在办公室里画图纸，他成了工程师；第三个人呢，是前两个人的老板。

　　看一个人是否能做好事情，只要看他对待工作的态度。那些看不起自己工作的人，往往是一些被动适应生活的人，他们不愿意奋力崛起，努力创造自己的生活，他们实际上是人生的懦夫。

　　有时候，普通的工作不一定就低人一等。对于许多选择就业岗位的人们来说，首要的不是先瞄好令人羡慕的岗位，而是一开始就树立正常的就业观念。如果干什么都挑三拣四，或者以为选准一个岗位便可以一劳永逸，那么你就可能永远真正地低人一等。相反，只要你秉持一种积极、热忱的态度，即使在平凡的岗位上，你也照样能出类拔萃。

　　1998 年 4 月，海尔集团在全公司范围内掀起了向洗衣机本部住宅设施事业部卫浴分厂厂长魏小娥学习的活动，学习她"认真解决每一个问题的精神"。

为了发展海尔整体卫浴设施的生产，1997年8月，33岁的魏小娥被派往日本，学习掌握世界上最先进的整体卫浴生产技术。在学习期间，魏小娥注意到，日本人试模期废品率一般都在30%～60%，设备调试正常后，废品率为2%。

"为什么不把合格率提高到100%？"魏小娥问日本的技术人员。"100%？你觉得可能吗？"日本人反问。从对话中，魏小娥意识到，不是日本人能力不行，而是思想上的桎梏使他们停滞于2%。作为一个海尔人，魏小娥的标准是100%，即"要么不干，要干就做到最好"。她拼命地利用每一分每一秒的学习时间，3个月后，带着先进的技术知识和赶超日本人的信念回到了海尔。

时隔半年，日本模具专家宫川先生来华访问，见到了"徒弟"魏小娥，她此时已是卫浴分厂的厂长。面对着一尘不染的生产现场、操作熟练的员工和100%合格的产品，他惊呆了，反过来向徒弟请教问题。

"有几个问题我曾绞尽脑汁地想办法解决，但最终没有成功。日本卫浴产品的现场过于脏乱，我们一直想做得更好一些，但难度太大了。你们是怎样做到现场清洁的？100%的合格率是我们连想都不敢想的，对我们来说，2%的废品率、5%的不良品率已经合乎标准，你们又是怎样提高产品合格率的呢？"

"用心。"魏小娥简单的回答又让宫川先生大吃一惊。用心，看似简单，其实不简单。

在这里有一个关于魏小娥的故事。从中你可以发现她认真执着的工作精神。从日本学习归国之后，魏小娥重点抓卫浴分厂的模具质量工作。无论是工作日还是节假日。魏小娥紧绷的质量之弦从未放松过。在一次试模的前一天，魏小娥在原料中发现了一根头发，这无疑是操作工在工作时无意间落入的。一根头发丝就是废品的定时炸弹，万一混进原料中就会出现废品。魏小娥马上给操作工统一制作了白衣、白帽，并要求大家统一剪短发。又一个可能出现2%废品的原因被消灭在萌芽之中。

2%的责任得到了100%的落实，2%的可能被一一杜绝。终于，100%，这个被日本人认为是"不可能"的产品合格率，魏小娥做到了，不管是在试模期间，还是设备调试正常后。

人 生 感 悟

所谓认真，就是你用生命、用真实的感情、用全部的热情，坚持不懈地去做一件事的态度。毛泽东说过："无论做什么事，怕就怕在'认真'二字。"任何一件事情，无论它有多么的艰难，只要你认真去做，全力以赴去做，就能化难为易。

砸烂差的，才能创造更好的

一位雕塑家有一个 12 岁的儿子。儿子要爸爸给他做几件玩具，雕塑家只是慈祥地笑笑，说："你自己不能动手试试吗？"

为了制好自己的玩具，孩子开始注意父亲的工作，常常站在大台边观看父亲运用各种工具，然后模仿着运用于玩具制作。父亲也从来不向他讲解什么，任其观察。

一年后，孩子初步掌握了一些制作方法，玩具造得颇像个样子。这样，父亲偶尔会指点一二。但孩子脾气倔，从来不将父亲的话当回事，我行我素，自得其乐，父亲也不生气。

又一年，孩子的技艺显著提高，可以随心所欲地摆弄出各种人和动物形状。孩子常常将自己的"杰作"展示给别人看，引来诸多夸赞。但雕塑家总是淡淡地笑，并不在乎似的。

忽有一天，孩子存放在工作室的玩具全部不翼而飞，他十分惊疑！父亲说："昨夜可能有小偷来过。"孩子没办法，只得重新制作。

半年后，工作室再次被盗！又半年，工作室又失窃了。孩子有些怀疑是父亲在捣鬼：为什么从不见父亲为失窃而吃惊、防范呢？

偶然一天夜晚，儿子夜里没睡着，见工作室灯亮着，便溜到窗边窥视：

父亲背着手，在雕塑作品前踱步、观看。好一会儿，父亲仿佛做出某种决定，一转身，拾起斧子，将自己大部分作品打得稀巴烂！接着，将这些碎土块堆到一起，放上水重新混合成泥巴。孩子疑惑地站在窗外。这时，他又看见父亲走到他的那批小玩具前。只见父亲拿起每件玩具端详片刻，然后，父亲将儿子所有的自制玩具扔到泥堆里搅和起来！当父亲回头的时候，儿子已站在他身后，瞪着愤怒的眼睛。父亲有些羞愧，温和地抚摩儿子的脸蛋，吞吞吐吐道："我，是，哦，是因为，只有砸烂较差的，我们才能创造更好的。"

10 年之后，父亲和儿子的作品多次同获国内外大奖。

父亲不愧是位雕塑家，他不但深谙怎样雕塑艺术品，更懂得怎样"雕塑"儿子的"灵魂"。

人 生 感 悟

成功的人往往都是一些不那么"安分守己"的人，他们绝对不会因取得一些小小的成绩而沾沾自喜，眼前那点小成就会阻碍他们继续前行的脚步。

每一个渴望出人头地的人都必须谨记：只有不断砸烂较差的，你才能完全没有包袱，创造出更好的，走进成功的殿堂。

第 十 二 章

细节决定成败，小事成就大事

世界上最伟大的推销员乔·吉拉德曾说："成功的机会无处不在、无时不有，遍布于每一个细节之中。"在工作和生活中，细节无处不在，只要认识它，注意它，就会给你带来成功的机会。

细节就像人体的细胞一样举足轻重，谁能把握住细节，谁就能实现成功。我们在日常的工作、生活中，若能将小事做细，并且注重在做事的细节中找到机会，就能使自己走上成功之路。

被马掌钉打败的国家

国王的马夫牵着一匹战马来到铁匠铺。

"快点给它钉掌。"马夫对铁匠说，"国王要急着出征呢。"

"你得等等。"铁匠回答。

"我等不及了。"马夫不耐烦地叫道，"敌人正在向我们的国土推进，我们必须早日出发。"

铁匠开始埋头干活，钉了三个掌后，他发现没有钉子来钉第四个掌了。

"我还需要一个钉子，"他说，"得需要点儿时间。"

"我告诉过你我等不及了，"马夫急切地说，"我听见军号了，你能不能凑合？"

"我能把马掌钉上，但是不能像其他几个那么结实。"

"能不能挂住？"

"应该能，"铁匠回答，"但我没把握。"

"好吧，就这样，"马夫叫道，"快点，要不然国王会怪罪到我头上的。"

于是，国王骑上他的战马出发了。两军交上了锋，国王率领部队冲向敌阵。

可是国王还没走到一半，一只马掌掉了，战马跌翻在地，国王也被抛在地上。

国王还没有再抓住缰绳，惊恐的战马就跳起来逃走了。士兵们突然看不见国王在前面骑马指挥了，人心惶惶，纷纷转身撤退，敌人的军队包围了上来。

国王无力地哀叹道："一匹马，我的国家倾覆就因为这一匹马。"从那时起，人们就说：

"少了一个铁钉，丢了一只马掌；

少了一只马掌，丢了一匹战马。

少了一匹战马，败了一场战役，

败了一场战役，失了一个国家。

所有的损失都是因为少了一个马掌钉。"

人 生 感 悟

　　成大业若烹小鲜，做大事必重细节。这个故事告诉人们，无论做什么事情，千万不可忽视细节，否则就有可能付出极其惨重的代价。其实，细节是一种征兆，从中可以看出一个人的命运走向和事业的成败。

小数点

　　有三只动物去山羊的一家公司应聘采购主管。它们当中一只动物是某知名动物管理学院毕业的，一名毕业于某动物商院，第三名则是一家民办动物高校的毕业生。应聘者经过测试，留下的是那名民办高校的动物毕业生。

　　在整个应聘过程中，它们经过一番测试后，在专业知识与经验上各有千秋，难分伯仲，随后招聘公司总经理熊先生亲自面试，它提出了这样一道试题，题目为："假定公司派你到某动物工厂采购4999个信封，你需要从公司带去多少钱？"

　　几分钟后，应聘者都交了答卷。

　　第一名应聘者的答案是430元。

　　总经理熊先生问："你是怎么计算的呢？"

　　"就采购5000个信封计算，可能是要400元，其他杂费就算30元吧！"它说。

　　总经理未置可否。

　　第二名应聘者的答案是415元。

　　对此它解释道：

　　"假设5000个信封大概需要400元，另外可能需用15元。"

　　总经理熊先生对此答案同样没表态。

但当它拿到第三只动物的答卷，见上面写的答案是 418.42 元时，不觉有些惊异，立即问：

"你能解释一下你的答案吗？"

"当然可以，"该动物自信地回答道，"信封每个 8 分钱，4999 个是 399.92 元。从公司到某动物工厂，乘汽车来回票价 10 元。午餐费 5 元。从工厂到汽车站有 750 米，雇一辆三轮车搬信封，需用 3.5 元。因此，最后总费用为 418.42 元。"

总经理熊先生露出了满意的微笑，收起他们的试卷，说："好吧，今天到此为止，明天你们等通知。"

人 生 感 悟

在工作中，关注小事，反映的是一种忠于职业操守、尽职尽责、认真负责、一丝不苟、善始善终的职业道德和精神，其中也糅合了一种使命感和道德责任感。认真对待每一个细节，把每一件小事做得很完美，这样，我们才有机会在工作中铸就自己的辉煌。

茶文化的精神

一位女子非常向往记者的工作。大学毕业后，她被一家新闻单位聘用了。但是，由于没有记者的空缺，经理叫她暂时做一些为同事泡茶的工作。虽然她对这种安排非常失望，不过想到将来有做记者的机会，于是就静下心来，每天为同事泡茶倒茶。

3 个月过去后，她开始沉不住气了，心里开始抱怨这份不喜欢的工作，她泡出来的茶，味道也一天不如一天，但她并未察觉。

有一天，她泡好茶端给经理，经理喝了一口就大骂起来："这茶是怎么泡的，难喝得要命！亏你还是大学毕业呢，连泡杯茶都不会！"她气坏了，几乎哭出来。她正准备当场辞职，突然来了一位重要访客，必须好好招待。

她想：反正要离开了，就好好泡一壶茶吧！于是，她把心里的不愉快暂时抛开，认真地泡好茶，把茶端进去。当她转身刚要离开时，突然听到客人由衷地赞叹道："哇！这茶泡得真好！"那位骂她的经理也喝了一口，情不自禁地夸赞道："这壶茶真的特别好喝！"

她惊呆了！突然发现，只是小小的一杯茶而已，竟然造成那么大的差异，或挨骂，或被赞美，决然不同。这茶里显然有很深奥的学问，值得好好研究。从此以后，她不但对水温、茶叶、茶量都悉心琢磨，就连同事的喜好、心情也细心地体会，甚至连自己泡茶时的心情、状态会带来的结果也了如指掌。很快，她成为公司的灵魂人物。几年后，她就被升为经理。

人 生 感 悟

　　茶道是人道，同时也是做事之道。悟透了茶道，就一定能悟透工作之道！因为茶道中对每一个细节都有严格的要求，这实际上已融入了茶文化的精神。在这一点上，和做好小事所彰显出来的精神，达到了高度上的一致！

天下第一关

　　明朝万历年间，中国北方的女真为患。皇帝为了要抗御强敌，决心整修万里长城。当时号称天下第一关的山海关，早已年久失修，其中"天下第一关"的题字中的"一"字，已经脱落多时。万历皇帝募集各地书法名家，希望恢复山海关的本来面貌。各地名士闻讯，纷纷前来应试，但是没有一人的字能够表达天下第一关的原味。皇帝于是再下诏——只要能够中选的，就能获得重赏。经过严格的筛选，最后中选的，竟是山海关旁一家客栈的店小二，真是跌破大家的眼镜。

　　在题字当天，会场被挤得水泄不通，官府也早就备妥了笔墨纸砚，等候店小二前来书写。只见主角抬头看着山海关的牌楼，舍弃了狼毫大笔不用，拿起一块抹布往砚台里一沾，大喝一声"一"，十分干净利落，立刻出现绝妙的"一"字。旁观者都给予惊叹的掌声。有人好奇地问他写"一"字如此成功的秘诀。他被问之后，久久没有回答，后来勉强答道："其实，我想不出有什么秘诀，我只是在这里当了30多年的店小二，每当我在擦桌子时，我就望着牌楼上的'一'字，一挥一擦就这样而已。"

原来这位店小二的工作地点正好面对山海关的城门，每当他弯下腰，拿起抹布清理桌上的油污之际，刚好这个视角，正对准"天下第一关"的"一"字。因此，他不由自主地天天看、天天擦，数十年如一日，久而久之，就熟能生巧、巧而精通，这就是他能够把这个"一"字临摹到炉火纯青、惟妙惟肖的原因。

人生感悟

有做小事的精神，就能产生做大事的气魄。不要小看做小事。只要有益于工作，有益于事业。人人都应从小事做起，用小事堆砌起来的事业才是坚固的，用小事堆砌起来的工作长城才是牢靠的。

聚少成多的力量

卡特·华尔德曾经是美国近代诗人、小说家和钢琴家爱尔斯金的钢琴教师。有一天，他给爱尔斯金上课的时候，忽然问他："你每天要练习多长时间钢琴？"

爱尔斯金说："大约每天三四个小时。"

"你每次练习，时间都很长吗？是不是有个把钟头的时间？"

"我认为这样才能提高水平。"

"不，不要这样！"卡特说，"你将来长大以后，每天不会有多长时间的空闲的。你需要从现在就开始养成习惯，一有空闲就几分钟几分钟地练习。比如，在你上学以前，或在午饭以后，或在工作的休息余闲，5分钟、

5分钟地去练习。把零散的练习时间分散在一天里面，如此弹钢琴就成了你日常生活中的一部分了。"

当时14岁的爱尔斯金对卡特的忠告并没放在心上，但后来回想起来觉得卡特的话真是至理名言，并且他从中得到了意想不到的益处。

当爱尔斯金在哥伦比亚大学教书的时候，他想兼职从事创作。可是上课，看卷子，开会等事情似乎把他白天和晚上的时间完全占满了。差不多有两个年头，他一直不曾动过笔，借口是："没有时间。"后来，他突然想起了卡特先生告诉他的话。到了下一个星期，他就把卡特的话实验起来。只要有5分钟左右的空闲时间，他就坐下来写作一百字或短短的几行。

出乎意料的是，在那个星期结束的时候，爱尔斯金竟写出了相当多的稿子。

后来，他同样用这种聚沙成塔的方法，进行长篇小说的创作。虽然学校给爱尔斯金的教学任务一天比一天重，但是他每天仍有许多短短的余暇可以利用，他仍然一边练琴一边写作，最后取得了骄人的成绩。

人 生 感 悟

人们总以为做大事就需要大段的时间，当很多"宏伟"的计划没有实现时，便拿"没时间"当作理由。实际上，时间像任何有形的东西一样，是可以积累的，小块的时间可以挤出来，凑成大块的时间。或者换句话说，大计划可以被分解成许多小步骤，重视细节的累积，一步一步实现小计划，最后就能实现大计划。

万事皆因小事起

被称为世间最睿智的国王所罗门说过："万事皆因小事起。"历史几个著名的事件正是这句名言的有力例证。

1005年，摩德纳联邦的几个士兵带着这只著名的水桶跑到了隶属于波罗尼亚国的一个共和国里去了。这原本是一件不值一提的小事，但是却引起了一场纠纷，引发了一场长达十几年的战争。

克里米亚战争造成了巨大的人员伤亡和财产损失。欧洲的四大强国英国、法国、土耳其和俄国都被牵连了进来，而战争最初却是因一把钥匙而起。

土耳其宣称，耶路撒冷圣墓中的一个神龛归土耳其的基督教会所有。于是土耳其就把神龛锁了起来，并且拒绝交出钥匙。这一行为使得希腊的教会很恼火。后来，争端不断升级。于是，俄国作为希腊的保护国，法国作为拉丁教会的代表也参加了进来。形势开始变得复杂起来。俄国要求土耳其对希腊的教会进行补偿，但土耳其拒绝这一要求。由于英国传统上就有保护土耳其人的习惯，在这场纠纷中他们理所当然地站在土耳其人的一边，同他们结成联盟共同反对法国和俄国。就是这样芝麻粒大小的事情，引发了这场巨大的纠纷。

法国历史被篡改，一个强大的王朝被推翻，但它的起因却是几杯酒。

奥尔良公爵是国王路易·菲利普的儿子，在同朋友一起喝酒时，奥尔良在朋友们的力劝之下多喝了几杯。后来聚会结束后，大家将要离去时，他叫了一辆马车。可是这时候马受惊了，把他掀倒在地上，由于失去了平衡，他脚下踩空，头朝下摔倒在人行道上，不省人事。如果不是那几杯酒，他可能不至于会坐不稳而摔下来；或者，即使摔倒在地，他自己也许还能站起来。但他再也没有站起来。几杯酒使得这个王位继承人丢了性命，而他的全家后来也遭到了流放，他们家族的巨额财产也全部被充公。

人 生 感 悟

"千里之堤，溃于蚁穴。"日常的工作生活中，我们无论做什么事情都万万不可忽视小视，否则我们就有可能付出惨痛的代价。

20 分钟的代价

一位朋友向周总推荐了一位印刷公司老板。这位老板知道周总的公司每年在印刷方面花不少钱，因此想使周总成为他的客户。他带来了精美的样本、仔细考虑的价钱建议和热情的许诺。周总有礼貌地坐着，但在他未会谈前就已决定不把生意交给他，因为对方迟了 20 分钟才来。准时取得印刷品对周总的公司是十分重要的。周总公司的产品的印刷部件星期三送到，星期四装订，星期五发送到周总下星期出席的座谈会地点，迟一天就跟迟一年那么糟糕。周总的公司还要雇十多位工人在既定的一天将销售信、小册子与订货单叠好塞进信封，如果印刷品没运到，什么事都干不成。所以，当那位印刷公司的老板在第一次会议时就不能准时出席时，周总就认为不能指望这位印刷公司老板能把他的工作干好。

人生感悟

大事小事，只是相对而言。很多时候，小事不一定就真的小，大事不一定就真的大，关键于做事者的认知能力。那些一心想做大事的人，常常对小事嗤之以鼻，不屑一顾。其实连小事都做不好的人，大事是很难成功的。

形象的价值

戴尔想出版一本新杂志，这需要 3 万美元，但他一无所有，因此他想出一个办法，让出版商先帮他出这笔钱。

戴尔一向很注重个人形象。他清楚地认识到，商业社会中，一般人是根据一个人的衣着来判断对方的实力。因此，他首先定做了三套昂贵的西服，然后又买了一整套最好的衬衫、衣领、领带、吊带等，买衣物的 700 美元都是他借来的。

于是，戴尔开始了自己的第一次创业。

每天早上，戴尔都会身穿一套全新的衣服，在同一条时间、同一个街道同某位富裕的出版商"邂逅"。戴尔每天都和他打招呼，并偶尔聊上一两分钟。

这种例行性会面大约进行了一星期之后，出版商开始主动与戴尔搭话："你看来混得相当不错。"

接着出版商便想知道戴尔从事哪种行业。因为戴尔身上所表现出来的这种极有成就的气质，再加上每天一套不同的新衣服，已引起了出版商极大的好奇心，这正是戴尔盼望发生的情况。

戴尔于是很轻松地告诉出版商："我正在筹备一份新杂志，打算在近期内出版。"

出版商说："我是从事杂志印刷及发行的。也许，我也可以帮你的忙。"

这正是戴尔所期待的。

出版商邀请戴尔到他的俱乐部，和他共进午餐，在咖啡和香烟尚未送上桌前，已"说服"了戴尔答应和他签合约，由他负责印刷及发行戴尔的杂志。戴尔甚至"答应"允许他提供资金并不收取任何利息。

发行杂志所需要的 3 万美元资金和购买衣物的 700 美元都是通过戴尔的形象换来的。

人 生 感 悟

很多成功人士的经历已经显示了着装细节的重要性。著名心理学家肯利教授指出，着装是一个强烈、显著的信号，服装只要运用得当，就是最有利的沟通工具之一，也是最便捷的人际交往"名片"。研究已经证明穿戴像一个成功的人，就能在各种场合得到应有的尊敬和善待。因此，如果想成为一个成功的人，首先就要穿得像一个成功者。

"砰"关闭了合作之门

随着汽车业的日臻成熟，高桥所在的公司扩大了与日本一家生产高档轿车公司的合作。他此行的目的就是与日方谈判，为他们提供轿车及附件。

如果谈得顺利，公司将获得巨大的经济效益。

　　高桥只有 40 多岁，却已是中国知名的汽车专家，日方显得很慎重，派出年轻有为、处事谨慎的副总裁兼技术部部长百惠前去机场迎接。豪华气派的迎宾车就停在机场的到达厅外。高桥办完通关手续，走出大厅，来到举着欢迎他的小牌子的人面前，与百惠一行见面。宾主寒暄几句后，百惠亲自为高桥打开车门，示意请他入座。

　　高桥刚一落座，便随手"砰"地关上车门，声音极响，百惠甚至看见整个车身都微微颤了一下。百惠不禁愣了一下："是旅途的劳累使高先生情绪不佳，还是繁复的通关手续让他心烦？他可是株式会社的贵客，得更加小心周到地接待才行。"

　　一路上，百惠一行显得十分热情友好，甚至到了殷勤的程度。迎宾车停在株式会社大厦前的停车坪里，百惠快速下车，小跑着绕过车后，要为高桥开车门，但高桥却已打开车门下车，又随手"砰"地关上车门。这一次，比在机场上车时关得还要响，似乎用的力还要重得多。百惠又愣了一下。

　　日方安排的洽谈前的考察十分紧凑，株式会社董事长兼总裁铃木先生还亲自接见，令高桥感到非常满意。会谈安排在第三天。在接下来的两天里，百惠极尽地主之谊，全程陪同高桥游览东京的名胜古迹和繁华街景，参观公司的生产基地。高桥显得兴致很高，可回到下榻酒店时，他在关车门时又是重重的"砰"的一下。

　　百惠不禁皱了一下眉。沉吟了片刻，他终于边向高桥鞠躬，边小心地问道："高先生，敝社的安排没什么不妥吧？敝人的接待没什么不周吧？如果有，还望先生海涵。"高桥显然没什么不满意的："百惠先生把什么都考虑得非常周到细致，谢谢。"说这话时，高桥是满脸的真诚，百惠却显得若有所思。

　　第三天到了，接高桥的车停在株式会社大楼前，他下车后，又是一个重重的"砰"。百惠暗暗地咬了咬牙，暗中向手下的人吩咐几句后，丢下高桥，径直向董事长办公室走去。高桥正感到有些莫名其妙，百惠的手下客气地将他让到了休息室，说："百惠部长说是有紧急事要与董事长商谈，请高先生稍等片刻。"

董事长办公室里，百惠语气严肃地对铃木说："董事长先生，我建议取消与这家公司的合作谈判！至少应该推迟。"

铃木不解地问："为什么？约定的谈判时间就要到了，这样随意取消，没有诚信吧？再说，我们也没有推迟或取消谈判的理由啊？"百惠坚决地说："我对这家公司缺乏信心，看来我们株式会社前不久对该公司的考察走了过场。"铃木是很赏识这个精干务实的年轻人的，听他这么说，便问："何以见得？"

百惠说："这几天我一直陪着这个高总工程师。我发现他多次重重地关上车门，开始我还以为是他在发什么脾气呢，后来才发现，这是他的习惯，这说明他关车门一直如此。他是这家知名汽车公司的高层人员，平时坐的肯定是他们公司生产的好车。他重重关上车门习惯的养成，是因为他们生产的轿车车门用上一段时间后就易出现质量问题，不容易关牢。好车尚且如此，一般的车辆就可想而知了。我们把轿车和零配件给他们生产，成本也许会降低很多，这不等于在砸我们自己的牌子吗？请董事长三思。"

最终，谈判推迟了。日方经过再次的实地考察之后，证实了百惠的猜测，合作取消了。

人 生 感 悟

一个关车门的动作，可谓微不足道，相信无论是在生活中还是工作中都不会有人注意它，但恰恰是这种别人眼里的微不足道，被百惠抓到了，并通过进一步的细致分析，揭示出了这一习惯性动作背后可能隐藏的深层问题，从而帮助公司避免了可能遭遇的重大损失。任何时候都要牢记：只有用心，我们才能见微知著。

小事不小，细节决定成功

人们常说，成大事者不拘小节。其实，我们的许多遗憾、失败往往源于小节、小事。

唐朝元和年间，东都留守吕元应酷爱下棋，养有一批下棋的食客。他许诺，谁如赢了他一盘，出入可配备车马；如赢两盘，可携儿带女来门下投宿就食。

一天，吕留守与一位食客下棋，正下得难分胜负时，卫士送来一叠公文，要吕留守立即处理。吕元应便拿起笔准备批复。下棋的门客见他低头批文之状，认为不会注意棋局，迅速地偷换了一子。哪知，门客的这个小动作，吕元应看得一清二楚。他批复完文件后，不动声色地继续与门客下棋，门客最后胜了这盘棋。食客回到住房后，心里一阵欢喜，企望着吕留守提高自己的待遇。第二天，吕元应携来许多礼品，请这位食客另投门第，其他食客不明其中缘由，很是诧异。

多年后，吕留守在弥留之际，把后辈们叫到身边，谈起这回下棋的事，说：“他偷换了一个棋子，我倒不介意，但由此可见他心迹卑下，不可深交。你们一定要记住这些，交朋友要慎重。”他积多年人生经验，深觉棋品与人品密不可分。

可见，小事显示人的品德。在日常生活中，你的一言一行都是别人衡量你人品的尺码，所以，不能不慎重待之。小节非小，事事关大。生活中，总是太多的人忽略所谓的小节、小事，给自己的事业和人生带来障碍和麻烦。

国内一家工厂，为了能从美国引进一条生产无菌输液软管的先进流水线，曾做了长期的艰苦努力，并终于说服了对方。在签字的那一天，在步入签字现场时，中方厂长突然咳嗽了一声，一口痰涌了上来，他看看四周，一时没能找到痰盂，便随口将痰吐在了墙角，并小心翼翼地用鞋底蹭了蹭。见此情景，那位精细的美国人不由得皱了皱眉。

显然，这个小细节引起了他的忧虑：输液软管是专供病人输液用的，必须绝对无菌才能符合标准，可西装革履的中方厂长居然会随地吐痰，想必该厂的工人素质不会太高，如此生产出的输液软管，怎么可能绝对无菌！美国人当即断然拒绝在合同上签字——中方近一年的努力也在转眼间前功尽弃！

一口痰砸了一笔大生意，这值得三思！

将小节、小事做好是赢得成功的第一步棋。

在众多面试者中，大酒店的经理选中了一个年轻人负责这家酒店的管理工作。

"我想知道，"一位朋友问他，"你为什么喜欢那个年轻人，他既没带一封介绍信，也没任何人推荐。"

"你错了，"老板说，"我早就注意到了他。他在门口蹭掉脚上的土，进门时随手关上了门，说明他做事小心仔细；当看到那位残疾老人时，他立即起身让座，表明他心地善良、体贴别人；进了办公室，他先脱去帽子，回答我提出的问题干脆果断，说明他既懂礼貌又有教养。其他的人都从我故意放在地板上的那本书上迈过去，而这个青年却俯身拾起那本书，并放在桌上。当我和他交谈时，我发现他衣着整洁，头发梳得整整齐齐，指甲修得干干净净。难道你不认为这些足以说服我让他做酒店的管理者吗？"

人 生 感 悟

生活和工作中，那些看来微不足道的事情往往蕴藏着巨大的机遇，而成功者与一般人的最大区别往往体现在对这些微不足道的小事的重视上。

第 十 三 章

成长比成功更重要

在追求成功的道路上，小赢要靠智，而大赢要靠德。做事与做人是硬币的两面。二者紧密相连。做事是我们行走人生之根本，而做人则是我们立身为人之底线。

一个人如果没有过硬的品质，那他必将失败。不仁爱者，最终不会被人爱戴；贪财者，最终会被财伤身。做事一时的成功，不能被称为真正的成功；做人的成功才是真正的成功。做任何事，莫过于人品的指引；只有塑造过硬的人品，才能赢得根基牢固的成功。

想成功，先锻造一颗百折不挠的心

一个极度渴望成功的年轻人却在他短短的人生旅途中接二连三地受到打击，他处于崩溃的边缘，几乎就要绝望了。苦闷的他仍然心有不甘，去请教了一位智者。

见到智者后，他很恭敬地问："我一心想有所成就，可总是失败，遇到挫折。请问，到底怎样才能成功呢？"

智者笑笑，转身拿出一个东西递给年轻人，他吃惊地发现躺在自己手心的竟然是一颗花生。年轻人困惑地望着智者。

智者问道："你有没有觉得它有什么特别之处呢？"

年轻人仔细地观看了一番，仍然没有发现它和别的花生有什么差别。

"请你用力捏捏它。"智者见年轻人没有说话，接着说。年轻人伸出手用力一捏，花生壳被他捏碎了，只有红色的花生仁留在了手中。

"请你再搓搓它，看看会发生什么事。"智者又说，脸上带着微笑。

年轻人虽然不解，但还是照着他的话做了，就在他轻轻地一搓之中，花生红色的皮脱落了，只留下白白的果实。

年轻人看着手中的花生，不知智者是何意思。

"再用手捏它。"智者又说。

年轻人用力一捏，他发觉他的手指根本无法将它捏碎。

"用手搓搓看。"智者说。

年轻人又照做了，当然，什么也没搓下来。

"虽屡遭挫折，却有一颗坚强、百折不挠的心，这就是成功的一大秘密啊！"智者说。

年轻人蓦然醒悟，遭遇几次挫折就要崩溃、绝望了，这样脆弱的心理又怎么能够成功呢？从智者那里出来，他又挺起了胸膛，心中充满了力量。

真实的高度

有一天，大仲马得知自己的儿子小仲马寄出的稿子总是碰壁，就告诉小仲马说："如果你能在寄稿时，随稿给编辑们附上一封短信，说'我是大仲马的儿子'，或许情况就会好多了。"

小仲马断然拒绝了父亲的建议，他说："不，我不想坐在你的肩头上摘苹果，那样摘来的苹果没味道。"

年轻的小仲马不但拒绝以父亲的盛名做自己事业的敲门砖，而且不露声色地给自己取了十几个不同的笔名，以避免那些编辑把他和大名鼎鼎的父亲联系起来。

面对那些冷酷而无情的退稿笺，小仲马没有沮丧，仍坚持创作自己的作品。他的长篇小说《茶花女》寄出后，终于以其绝妙的构思和精彩的文笔震撼了一位资深编辑。这位知名编辑曾和大仲马有着多年的书信来往。他看到寄稿人的地址同大作家大仲马的丝毫不差，便怀疑是大仲马另取的笔名，但作品的风格却和大仲马的截然不同，带着这种兴奋和疑问，他迫不及待地乘车造访大仲马家。

令他大吃一惊的是，《茶花女》这部伟大的作品，作者竟是大仲马名不见经传的儿子小仲马。

"您为何不在稿子上署上您的真实姓名呢？"老编辑疑惑地问小仲马。

小仲马说："我只想拥有真实的高度。"

老编辑对小仲马的做法赞叹不已。

《茶花女》出版后，法国文坛评论家一致认为这部作品的价值大大超越了大仲马的代表作《基督山伯爵》，小仲马一时声名鹊起。

技术顾问

　　比利刚当上公司技术部的经理，接受一个客户的邀请共进晚餐。在饭桌上，客户对比利说："只要你把公司里最新产品的数据资料给我，我会给你很好的回报，怎么样？"

　　比利站了起来，气得满脸通红："不要再说了！我绝不会出卖我的良心做这种见不得人的事，我不会答应你的任何要求。"

　　"好，好，好。"客户不但没生气，反而颇为欣赏地拍拍比利的肩膀，"这事儿就当我没说过。来，干杯！"

　　几年后，发生了一件令比利很难过的事，他所在的公司因经营不善破产了。比利失业了，没过几天，他突然接到客户的电话。

　　比利疑惑地来到客户的公司，出乎意料的是，客户热情地接待了他，并且拿出一张大红聘书——请比利去他的公司做技术顾问。

　　比利惊呆了，喃喃地问："你为什么这样相信我？"

　　客户哈哈一笑说："小伙子，你的技术水平是出了名的，你的正直更让我佩服，你是值得我信任的那种人！"

最大的交易

畅销书作家托尼·希勒获得过美国侦探小说家大师奖。他第一次打工是做农场工，并使他受益匪浅。

他14岁时，英格拉姆先生敲响了他们农舍的门。这个老佃农住在马路那头大约1500米的地方，想找人帮助收割一块苜蓿地。这就是他得到的第一份有报酬的工作，1小时12美分，要知道这在1939年已经很不错了，当时美国还处在经济大萧条时期。

一天，英格拉姆先生发现一辆装有西瓜的卡车陷在自家的瓜地中。显然，是有人想偷自家地里的西瓜。

英格拉姆先生说车主很快就会回来的，让托尼在那儿看着，长点儿见识。没过多久，一个在当地因打架和偷窃而臭名昭著的家伙带着两个体格粗壮的儿子出现了。他们看起来非常恼怒。

英格拉姆先生却用平静的口吻说道："我想你们要买些西瓜吧？"

那个男人回答前沉默了很久："嗯，我想是的。你要多少钱一个？"

"25美分1个。"

"好吧，你帮我把车弄出来吧，我看这价格还合适。"

这成了他们夏天里最大的一笔买卖，而且还因此避免了一场危险的暴力事件。

等他们走后，英格拉姆先生笑着对他说："孩子，如果不宽恕敌人，就会失去朋友。"

人 生 感 悟

一句善意的话语，化解了一次危险的暴力事件，同时还做成了一笔绝妙的买卖，这不能不说是英格拉姆先生的高明之举、智慧之举。一句理解的话，一个善良的举动，往往能够产生伟大的力量。

一杯鲜奶给予的力量

有一个穷困的学生，名叫赵明，为了能凑够学费，他挨家挨户地推销产品。

到了晚上，他感觉很饿，但摸摸口袋发现只剩下了一角钱，想不出能买些什么东西吃。

于是，他下定决心，到下一家时，向对方要顿饭吃。

然而，当一个年轻漂亮的女孩打开房门时，他却完全失去了勇气！

他没敢张口讨饭，只要求喝一杯水。

女孩看出来他十分饥饿，于是给他端出一大杯鲜奶来。他不慌不忙地将鲜奶喝下，然后问道："我应付你多少钱啊？"

女孩微笑着回答："你不欠我们一分钱！妈妈告诉我，做善事不求回报。"

于是，赵明说："那么，我只有由衷地谢谢你们了！"当他离开时，不但觉得自己不再饥饿了，对人的信心也增强了许多——他本来是已经陷入绝境，准备放弃一切的！

数年之后，那个女孩生了重病，当地医生都束手无策。

家人无奈，只好将她送到另一个大城市，以便请名医来诊断她罕见的病情。

碰巧，他们找到的就是赵明医生。

当赵医生听说眼前这个病人来自那个城市时，眼中露出了奇特的神情。

他立刻换上工作服，走进了那个女孩所在的病房。

他一眼就认出了那个女孩。

他立刻回到诊断室，下决心尽最大的努力来挽救她的生命。

从见到女孩的那一刻起，他就一丝不苟地观察她的病情。经过一段时间的不懈努力，他终于让女孩起死回生，最终战胜了病魔。

医院划价室的人将女孩的账单送到赵医生手中，请他签字。赵医生看了一眼账单，在边上写了一行字，然后请人将单子转送到女孩手中。

女孩不敢打开单子，她觉得，单子上的费用可能是她一辈子都还不清的。

最后，她还是打开了，账单边上的一行字让她格外注意：

"一杯鲜奶足以付清全部的医药费！赵明医生。"

她眼中浸着感激的泪水，账单握在发抖的手中。

人 生 感 悟

善良是不求回报的，当你做善事而心存回报的企图时，善良已然变味。然而，当你用一颗无私的心去付出时，你收获到的也将是累累的硕果。

严格要求自己

高尔基是苏联的大文学家。他处处严格要求自己，以人品和文品为世人做出表率，越发受到人们的尊敬。

有一年冬天，莫斯科远郊的一个小镇上，冰天雪地，寒气逼人。一个阴冷的下午，小镇上唯一的一家剧院门口排起了长长的队伍。镇民穿着厚厚的大衣，高高的皮靴，又长又宽的围巾绕在头颈上，连同嘴巴一块儿裹住了。妇女们头上扎着羊毛头巾，男人们则戴着毛茸茸的皮帽。他们在排队买票，城里话剧院这次到镇上演出的是高尔基的戏剧《底层》。恰巧，高尔基外出开一个会，回来时遭遇冰雪封住了铁路，火车停开，所以就在这个小镇临时住了下来。这天他散步经过小镇戏院门口时，发现镇民正排队购买《底层》的票，心想："不知道镇民对《底层》反应如何？趁着回不了城，不如也坐进戏院，观察观察镇民对该剧的反映。"心里想着，脚就移向戏院门口的队伍，高尔基也排队买了票。他刚回身走出没多远，只听身后有追上来的脚步声，回头一看，是一位男子跑了过来。那男子跑到高尔基跟前，打量着并谨慎地问道："您是阿列克谢·马克西莫维奇·彼什科夫同志吧？"

"是，我就是。您——"高尔基好奇地问道。

"我是戏院售票组的组长。刚才您买票时，我正在售票房里，我看着您面熟，但您戴着围巾和帽子，我一下子不敢确认是您。您走路的背影，使我越发感到您可能就是高尔基，所以我跑过来问问您。"

"噢，"高尔基和蔼地笑了，他握住售票组组长的手说，"现在，您认出我了。有什么事要我帮忙吗？""嗯，没什么。只是，这钱请您收回。"售票组长从衣兜里掏出钱递给高尔基。

"这是为什么？"高尔基奇怪地问。

"实在对不起，售票员刚才没看清是您，所以让您花自己的钱买了票，现在我来退回给您。请您多包涵！"

"怎么，我不能看这场戏？"高尔基愈发奇怪了。

"不，不，不，不是这个意思。这个戏本来就是您写的，您看就不用花钱买票了。"组长解释道。"噢，是这样。"高尔基明白了。他想了想，问售票组长道："那布是纺织工人织的，他们要穿衣服就可以不花钱，到服装店去随便拿吗？面包是面粉厂工人把小麦加工制粉后做成的，工人们要吃面包就可以不花钱，到食品仓库里去随便取吗？我想您一定会说，这不行吧。那么，我写的剧本一旦上演，我就可以不论何时何地地到处白看戏吗？"

"这——"售票组长一时无话以对。"告诉您吧，同志，我们写戏的人，除领导上规定的观摩活动以外，自己看戏看电影，一律都要像普通人一样地照章办事。就像现在，我要看戏，就得买票。"说完，高尔基乐呵呵地笑了起来。

"您真是的，一点儿也没有大文豪的架子。"售票组长也笑了起来。说着，他们愉快地道别了。

人 生 感 悟

真正有内涵、有气质的人都是不为名而骄、不为利而奢、不为荣而喜、懂得自制的人，正如高尔基，不为名利所侵扰，时刻都保持着自我本色，这样的人才能拥有永恒的魅力，才能持久地获得他人的敬重。

理解的力量

美国经济大萧条时期，18 岁的姑娘安娜好不容易才找到一份在一家高级珠宝店当售货员的工作。在圣诞节的前一天，店里来了一位 30 岁左右的男顾客。他虽然穿着整齐干净，看上去很有修养，但很明显，这也是一个遭受失业打击的不幸的人。

此时，店里只有安娜一个人，其他几个职员刚刚出去。

安娜向他打招呼时，男子不自然地笑了一下，目光从安娜的脸上慌忙躲闪开，仿佛在说："你不用理我，我只是看看。"

这时，电话铃响了。安娜去接电话，一不小心，将摆在柜台上的盘子弄翻了，盘子里装着的 6 枚精美绝伦的金戒指掉在了地上。姑娘慌忙去捡。可她捡回了 5 枚以后，却怎么也找不到第 6 枚戒指。当她抬起头时，看到那位男子正向门口走去，顿时，她明白了那第 6 枚戒指在哪里。

当男子的手将要触到门把手时，安娜柔声叫道："对不起，先生。"

那男子转过身来，两个人相视无言，足足有一分钟。

安娜的心在狂跳："他要是来粗的怎么办？他会不会……"

"什么事？"他终于开口说道。

安娜极力压住心跳，鼓足勇气，说道："先生，这是我头回工作，现在找个工作真不容易，是不是？"

男子长久地审视着她，良久，一丝微笑在他脸上浮现出来。

安娜终于也平静下来，她也微笑着看着他，两人就像老朋友见面似的那样亲切自然。

"是的，的确如此。"他回答，"但是我能肯定，你在这里会干得不错。"

停了一下，他向她走去，并把手伸给她："我可以为你祝福吗？"

紧紧地握完手后，他转身缓缓地走向门口。

安娜握着手心里的第 6 枚戒指，望着男子的背影，感激的泪水在眼里打转。

人 生 感 悟

体谅是一种神奇的力量。做人，多一份体谅的心就能够融化人心中的坚冰，能够拉近人与人之间的距离。给人一点理解和体谅，它将带给我们更多的希望，去获取人生旅途中的下一个幸福。

顾及别人的感受

战国时，梁国与楚国相邻，两国在边境上各设界亭，亭卒都在各自的地界里种了西瓜。梁亭的亭卒勤劳，锄草浇水，瓜秧长势极好；而楚亭的亭卒懒惰，不事瓜事，瓜秧又瘦又弱，与对面瓜田的长势简直不能相比。楚亭的人觉得失了面子，有一天乘夜无月色，偷跑过去把梁亭的瓜秧全给扯断了。第二天梁亭的人发现后，气愤难平，报告给县令宋就说："我们也过去把他们的瓜秧扯断好了！"宋就说："这样做当然很解气，可是，我们明明不愿他们扯断我们的瓜秧，那么为什么再反过去扯断人家的瓜秧？别人不对，我们再跟着学，那就太偏执了。你们听我的话，从今天起，每天晚上去给他们的瓜秧浇水，让他们的瓜秧长得好，而且，你们这样做，一定不要让他们知道。"梁亭的人听了宋就的话后觉得听不懂，但还是照办了。楚亭的人发现自己的瓜秧长势一天好似一天，仔细观察，发现每天早上瓜地都被人浇过了，而且是梁亭的人在黑夜里悄悄为他们浇的。楚国的边县县令听到亭卒的报告，感到十分惭愧，又十分的敬佩，于是把这件事报告给了楚王。楚王听说后，也感于梁国人修睦边邻的诚心，特备重礼送梁王，既以示自责，亦以示酬谢。结果从此两个对敌国成了友好的邻邦，两国的人民快快乐乐地过着日子。

"己所不欲，勿施于人。"通过自己的切身感受，为他人着想一下，就会发现许多以前想不明白的道理其实很简单。

有一天，在儿童俱乐部的大厅里，一位满脸歉意的工作人员正在安慰一个4岁的小孩。

原来这位工作人员因为一时疏忽，在排球课结束后，少算了一位，将这位小孩儿落在了排球场。等她发现人数不对时，才赶快跑回排球场，将这位小孩带回来。而小孩因为一个人在排球场而饱受惊吓，已经哭得精疲力竭了。

正在这时，小孩的妈妈出现了，看着自己的小孩哭得惨兮兮的，也非常担心。如果你是这位妈妈，你会怎么做？痛骂那位工作人员？还是生气地将小孩儿带走，再也不参加俱乐部了？

这位妈妈蹲下来安慰她的小孩，并且很温柔地告诉她："已经没事了，那位姐姐因为找不到你而非常紧张，所以现在你必须亲亲那位姐姐的脸颊，安慰她一下！"

只见那个4岁的小孩，踮起脚，亲了亲蹲在她身旁的工作人员，轻轻地告诉她："不要害怕，已经没事了！"

当你感到难过害怕的时候，也别忘了别人心里的感受。

人 生 感 悟

善待别人，也就是善待自己。可以说，任何一种真诚而博大的爱都会在现实中得到应有的回报。在我们进行换位思考的时候，当我们真诚地考虑到对方的感受和需求而多一分理解时，意想不到的回报便悄然而至。

主动伸出你的手

从前，坦桑尼亚小镇有两个叫汤米和杰克的邻居。但他们确实不是什么好邻居，虽然谁也记不清到底是为什么，但就是彼此看不顺眼。他们只知道不喜欢对方，这个原因就足够了。所以他们时有口角发生，尽管夏天在后院开除草机除草时车轮常常碰在一起，但多数情况下双方连招呼也不打。

后来，夏天晚些时候，汤米和妻子外出两周去度假。开始杰克和妻子并未注意到他们走了。也是，注意他们干什么？除口角之外，他们相互间很少说话。

但是一天傍晚杰克在自家院子除过草后，注意到汤米家的草已很高了，自家草坪刚刚除过，看上去特别显眼。

对开车过往的人来说，汤米和妻子很显然是不在家，而且已离开很久了。杰克想这等于公开邀请夜盗入户，而后，一个想法像闪电一样攫住了他。

"我又一次看看那高高的草坪，心里真不愿去帮我不喜欢的人。"杰克说，"不管我多想从脑子里抹去这种想法，但去帮忙的想法却挥之不去。第二天早晨我就把那块长疯了的草坪除好了！"

"几天之后，汤米和妻子多拉在一个周日的下午回来了。他们回来不久，我就看见汤米在街上走来走去。他在整个街区的每所房子前都停留过。"

"最后他敲了我的门，我开门时，他站在那儿正盯着我，脸上露出奇怪和不解的表情。"

"过了很久，他才说话，'杰克，你帮我除草了？'他最后问。这是他很久以来第一次叫我杰克。'我问了所有的人，他们都没除。米库说是你干的，是真的吗？是你除的吗？'他的语气几乎是在责备。"

"'是的，汤米，是我除的。'我说，几乎是挑战性地，因为我等着他为了我除他的草而大发雷霆。"

"他犹豫了片刻，像是在考虑要说什么。最后他用低得几乎听不见的声音嘟囔说了声谢谢之后，马上转身走开了。"

汤米和杰克之间就这样打破了冰山。他们还没发展到在一起打高尔夫球或保龄球的程度，他们的妻子也没有为了互相借点儿糖或是闲聊而频繁地走动，但他们的关系却在改善。至少除草机开过的时候他们相互间有了笑容，有时甚至说一声"你好"。先前他们后院的战场现在变成了非军事区，谁知道？他们甚至会分享同一杯咖啡。

人 生 感 悟

主动迈出和解的一步，并不是很难，不是吗？过多地考虑面子等因素只会阻碍和解的步伐，延迟分享友谊的快乐。主动伸出你的手，不要犹豫，你会发现伸出的手马上就会有人握住。

南风和北风

法国作家拉封丹曾写过这样一则寓言：

南风和北风为了争论谁更强大而吵了起来。北风先说："我们来比试比试吧。看见那个穿大衣的老先生了吗？谁让他更快地脱下大衣，谁就更强大。我先来。"

于是，北风朝着那老人呼呼地吹起来。风越吹越大，最后大得像一场飓风。可老人随着风的变大，反而把大衣裹得更紧了。

北风放弃了，他渐渐停了下来，气馁地看着南风。

这时，南风用温暖的微笑看着老人，暖风轻轻吹过，不久，老人就觉得热了，他脱掉了大衣。

南风对北风说道："看到了吧，温暖和友善比暴力要更为强大。"

人 生 感 悟

温暖和友善比暴力要更为强大。当你与别人争吵或者发生冲突的时候，不妨在心中想一想这句话，以温和的态度对待争执，矛盾就会在你友善的态度中消融了。

放鱼归湖的心怀

在奥普多湖的中心岛上，一个 11 岁的男孩常常坐在他家小屋前的码头旁静心于湖中的垂钓。

在开禁钓鲈鱼的头天晚上，他和父亲很早就来到了湖边，撒出蛆虫来诱钓鲈鱼和翻车鱼。孩子把银白色小饵食穿在渔钩上掷往湖中。在落日的余晖里，鱼钩激起阵阵多彩的涟漪，水波又随着月亮的照射，荡漾起圈圈银光。

当鱼竿被有力地牵动时，孩子明白水底下有个大东西上钩了。父亲在一旁赞赏地看着儿子敏捷娴熟地沿着码头慢慢收钩。

孩子小心翼翼，终于把一条精疲力竭的大鱼提出了水面。呵！这是他见到过的最大的一条鱼！是条鲈鱼。

父子俩兴奋异常地瞧着这尾大鱼，月光下隐约可见鱼鳃还在翕动呢。父亲划根火柴看看手表，整10点——离开禁时间还差两小时。

父亲看看鲈鱼，又看看儿子，最后说道："孩子，你必须把鱼放回湖里去。"

"爸爸！"儿子不禁叫了起来。

"我们还能钓得到其他的鱼。"

"哪里能钓得到这么大的一条！"儿子大声嚷着。

与此同时，孩子举目环视，朗朗月光下见不着任何钓鱼人和捕鱼船，他又眼巴巴地盯住了父亲。尽管此时此刻没有任何人看见他们，也不会有谁知道他是什么时候钓到这条鱼的，但是从父亲坚定的语调里孩子明白父亲的决定毫无通融的余地。他只好慢慢从大鲈鱼口中拔出鱼钩，将它放回到深深的湖里。鲈鱼扑腾扑腾摆动了一下，它壮实的躯体便消失了。儿子满腹惆怅，他想他再也不会钓到这么大的鱼了。

事情过去几十年了，现在那个孩子已成为纽约一位功成名就的建筑师。他父亲的小屋仍然伫立在湖心小岛上，而今已为人父的他也常带着自己的儿女到当年的码头去领略钓鱼的情趣。

他没有说错，他再也没有钓到过那天晚上那么大的令人爱不释手的鱼。然而，在现实生活的为人处世中，每当遇到有悖于良心道德的事情时，他眼前总是会一次又一次地浮现出那条难忘的大鲈鱼。

人 生 感 悟

放鱼归湖是一种境界，高尚的境界，能否时刻遵守内心正直的道德底线将成为考验我们人格的试金石。让正直为你的人格导航吧。它将引领你绕开前进途中的种种暗礁，让你顺利地行驶在人生的旅途上。

读懂社会,你才能融入社会; 读懂爱情,你才能把握爱情; 读懂成功, 你才能收获成功; 读懂人生, 你才能成就人生。